Las abejas

Gianni Ravazzi

LAS ABEJAS

dve PUBLISHING

El autor agradece la colaboración técnica y las fotografías de CMA de Casale Monferrato y de Costruzioni Apistiche Lega SNC de Faenza (Italia).
Un agradecimiento personal por la colaboración y la ayuda proporcionada a los señores Giuseppe Lega y Michele Pitarresi. Y, por último, gracias a todos los amigos que han colaborado en la recopilación de los datos.

Diseño gráfico de la cubierta de Studio Tallarini.

Fotografías de CMA (Casale Monferrato), salvo donde se indica otra procedencia.

Dibujos de Michela Ameli.

Subsidiary company of Confidential Concepts Inc, USA
ISBN: 978-1-64699-332-1

Cada vez que me acerco a una colmena,
recuerdo con afecto a quienes me desvelaron por primera vez
los misterios de la vida de las abejas.

Introducción

El conocimiento «zoológico» de las abejas no ha transcurrido paralelo a la práctica apícola. Se ha tendido siempre a «producir» antes que a conocer. Por ello, la verdadera evolución en una actividad tan antigua no se ha producido hasta una época relativamente reciente. En 1761, el gran naturalista Carl von Linneo, que estableció la primera clasificación orgánica del mundo animal conocido en aquel entonces, denominó a la abeja *Apis mellifica*, nombre que todavía hoy distingue a la abeja criada por el hombre.

En 1901, se publicó la obra *La vida de las abejas,* de Maeterlinck, primer tratado moderno de apicultura, aunque sea más rico en imágenes poéticas que en observaciones científicas. De suma y fundamental importancia para el conocimiento de las abejas resultó toda la obra de Karl von Frisch, quien, tras realizar atentas observaciones y diversos experimentos, «comprendió» y «descifró» el lenguaje de las abejas. Su gran aportación le valió el Premio Nobel en 1973, y con él comenzó una nueva época en el estudio de las abejas.

Imponente enjambrazón de abejas formada en la rama de un árbol. (Fotografía de Lanceau/Cogis)

Además, la evolución y la historia de la apicultura se han visto influidas por la aplicación de los primitivos sistemas de cría de las abejas. El hombre moderno ha aprendido a proporcionar a las abejas una vivienda, la colmena, para poder aprovechar al máximo

Abeja obrera chupando el néctar. (Fotografía de Gissey/Cogis)

Miel envasada para ser vendida. (Fotografía de Vidal/Cogis)

Colmenar en las montañas provenzales. (Fotografía de Gissey/Cogis)

su trabajo. En el pasado, las diversas instalaciones para la cría de las abejas se acondicionaban en un tronco hueco, en una cesta de mimbre o en una vasija de arcilla y paja trenzada. Las colmenas, en un sentido moderno, se dividen en tres categorías, que corresponden a tres momentos en el desarrollo de la apicultura. Tenemos la colmena *rústica*, de «panal fijo», caracterizada porque la construyen las propias abejas y no puede descomponerse. En las colmenas rústicas, la extracción de la miel se realiza destruyendo los panales, generalmente mediante la eliminación de la colonia de abejas. Las colmenas *semirracionales*, por el contrario, se componen de una cámara de cría y de un alza con panales móviles. Esto permite recuperar la miel sin matar las abejas, aunque no permite comprobar la fuerza y el desarrollo de la colonia del nido. Por último, tenemos la colmena *racional*, utilizada actualmente, que posee todos los panales móviles y permite examinar el nido y retirar la miel cómodamente. Con este modelo, el apicultor puede intervenir en el desarrollo del enjambre y, de esta forma, alcanzar un mayor aprovechamiento de la capacidad de la colonia.

En 1851, el abad estadounidense Langstroth construyó la primera colmena racional con panales móviles, y desde entonces se ha perfeccionado continuamente el modelo original. Durante cien años, el mercado de la colmena fue copado por dos modelos muy similares, el Langstroth y el Dadant-Blatt. Ambos se utilizan en la actualidad. Las especificaciones en modelos «fijos» y «móviles», «de 10» o «de 12» panales, no alteran su esencia.

Lo que distingue actualmente una apicultura seria y racional de una apicultura aproximativa y dubitativa es el modo de manejar la colmena y de hacer frente a las emergencias, provocadas por los múltiples enemigos de las abejas que amenazan con destruir las colonias, provocando un grave daño en la polinización de las plantas. No debemos olvidar que, de los miles y miles de especies de flores que reciben la visita de las abejas, cerca de mil especies se reproducen exclusivamente gracias a ellas, pues no poseen otro medio para realizar la polinización: ni otros insectos ni los agentes atmosféricos pueden cumplir esta función.

(Fotografía de Gissey/Cogis)

LA ABEJA

CLASIFICACIÓN Y MORFOLOGÍA

El género *Apis*, que comprende diversas especies de abejas, pertenece al orden de los Himenópteros, que incluye insectos sociales como la abeja doméstica y la hormiga.

Observando el esquema de la página siguiente podemos conocer la clasificación científica de las abejas, en la que se establece una primera división entre cuatro especies principales: *dorsada, floral, melífica* e *índica*. En nuestro caso, nos interesa la abeja melífica, la especie que, en las diversas razas, se cría para la producción de miel, polen, jalea real, propóleos, cera y, en algunos casos, veneno.

Entre las diversas razas, la más productiva es, sin duda, la ligústica, apreciada en todo el mundo con el nombre de *abeja itálica*. Las demás también se utilizan frecuentemente en apicultura y, a menudo, se cruzan entre ellas, aunque ninguna presenta características de robustez, agresividad, resistencia a las enfermedades y a los parásitos superior a la ligústica. El cruce permite obtener condiciones de mansedumbre y de productividad, propias de la abeja itálica, y la resistencia de las demás. Las diferencias entre las razas son mínimas: coloración del abdomen más o menos oscura, muy ligeras variaciones de talla, comportamiento más o menos agresivo. Si tomamos como base la abeja ligústica, apreciaremos al comparar las cuatro razas lo siguiente:

— la abeja sícula es más oscura, más enjambrada, más agresiva y más resistente a los climas tórridos;
— la abeja carniola es más grande, más dócil, más enjambrada y más resistente al frío;
— la abeja alemana es más agresiva, más oscura y resistente.

La abeja ligústica es, de todos modos, la más apreciada en todo el mundo por sus características de productividad y su gran vitalidad como reproductora. Hay que tener en cuenta además que es una abeja de mediana

CLASIFICACIÓN DE LAS ABEJAS

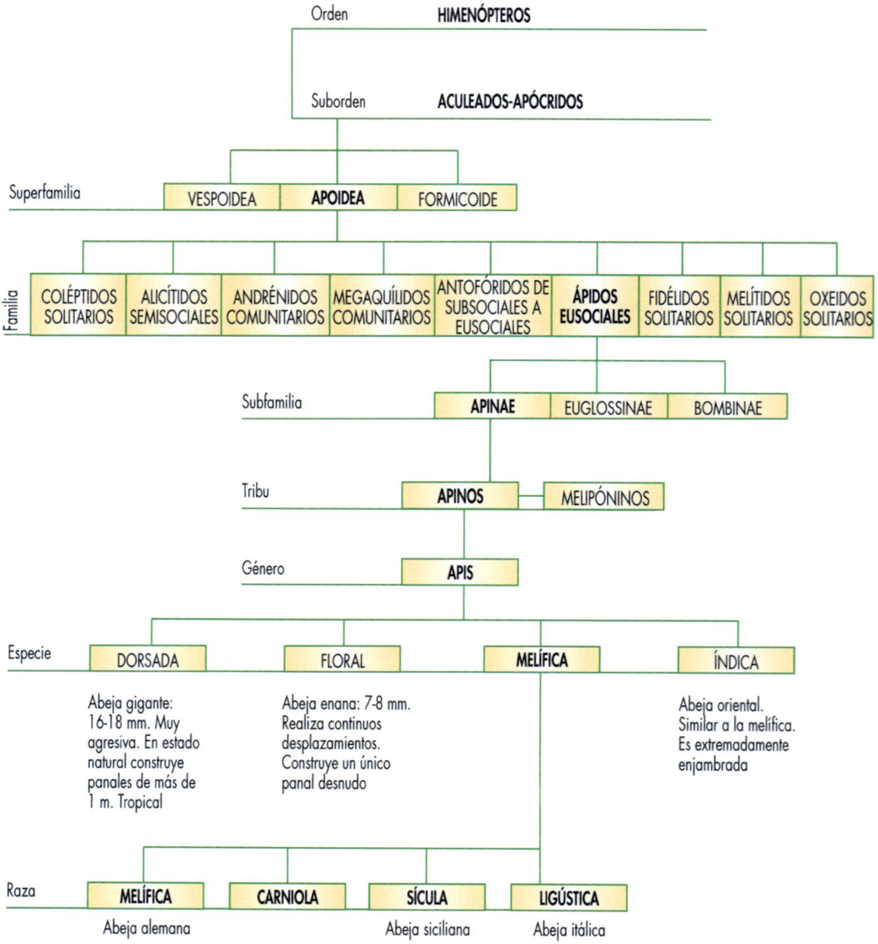

agresividad y bastante resistente. El cuerpo de un insecto adulto está formado por una coraza quitinosa rígida que cumple la función del esqueleto, mientras que en el interior se alojan los diversos órganos vitales.

Desde el punto de vista morfológico, el cuerpo se divide en tres partes:

LA ABEJA ITÁLICA EN EL MUNDO

En los últimos años, hemos asistido a lo que se conoce como *italianización* del patrimonio apicultor internacional.

Es más, Italia exporta reinas y enjambres de ligústica a todo el mundo.

— cabeza;
— tórax;
— abdomen.

Cabeza

En la cabeza se alojan la mayor parte de los órganos sensoriales. Bien visibles son los dos ojos, compuestos por varios millares de facetas llamadas *omatidios* (3.000 en las obreras y 6.000-7.000 en los zánganos). El ojo es sensible al ultravioleta, pero no al rojo, que percibe como negro. Logra sintetizar casi trescientas imágenes por segundo. Los ojos compuestos le sirven para ver a distancia; para la visión de cerca, en cambio, posee tres ojos simples sobre la cabeza: los ocelos. Tienen una gran importancia las antenas, consistentes en dos estructuras filamentosas insertadas entre los ojos y el aparato bucal. Son orientables y sirven para controlar la temperatura, los olores y la humedad. Esto se produce gracias a los «sensores», glándulas sensibles a los estímulos, cuyo número varía según las castas.

La boca está dotada de fuertes mandíbulas y de una pequeña *trompa*. Se trata de un órgano compuesto que se forma cada vez que la abeja necesita succionar el néctar. La trompa se constituye con la proximidad de los labios y las mandíbulas, formando un tubo por el que discurre la lengua flexible, que funciona como una auténtica bomba aspiradora. La lengua tiene una longitud variable según las razas; es ligeramente más corta en los zánganos y oscila entre los 5,5 y los 7 mm. Es un órgano esencial tanto para la aspiración del néctar como para la producción de la miel y la cera. Por este motivo, hoy en día se tiende a seleccionar cepas de abejas acostumbradas a libar flores cuyo «néctar» se halla a mayor profundidad.

Dentro de la cabeza se encuentran órganos vitales como las glándulas, con las que la reina produce la *feromona*, sustancia que «mantiene unida la familia» y que indica a las obreras el momento en que produce la jalea real.

LA SENSIBILIDAD OLFATIVA DE LA ABEJA

La capacidad olfativa de la abeja se debe a la acción de los sensores placoides, y es mínima en la reina (unos 3.000 sensores), media en la obrera (alrededor de 6.000) y excepcional en el zángano (alrededor de 30.000 sensores).

LA FEROMONA REAL

La reina produce una sustancia que regula en la práctica todas las actividades de la colmena. Se trata de la feromona real, que las abejas obtienen directamente del cuerpo de la reina y la distribuyen entre las abejas del enjambre.

Tórax

El tórax está unido a la cabeza por un pequeño cuello. Está formado por tres anillos soldados entre sí,

LA ABEJA ES UNA GRAN VOLADORA

La abeja es una voladora excepcional: esto depende tanto de la robustez de las alas como de la frecuencia de batido, que varía entre 180 y 250 ciclos por segundo. Las alas son, para el apicultor, un indicador importante de la edad del ejemplar: una abeja joven posee alas bien formadas sobre el cuerpo, mientras que una vieja las tiene abiertas y con los bordes irregulares.

dotado cada uno con un par de patas. Además, en el segundo y tercer anillo se aloja un par de alas. Sobre las patas anteriores, posee un pequeño cepillo que utiliza tanto para limpiar sus antenas como, en el caso de la obrera, para trabajar. En las patas intermedias, posee un pequeño espolón, atrofiado tanto en los zánganos como en la reina, que le sirve a la obrera para verter los granos de polen en el interior de la colmena tras libarlos de las flores. Las patas posteriores son las más fuertes y, en el caso de la obrera, están dotadas de una «bolsa» para la recolección del polen. Se trata de una bolsa muy elástica, transparente y resistente, en la que las abejas pueden transportar, además del polen, los propóleos. Por lo que se refiere a las alas, se comprueba fácilmente cómo las del segundo anillo son más grandes que las del tercero, las cuales están dotadas de una treintena de uñas para poder formar con el otro par de alas una única superficie que facilite el vuelo.

ABDOMEN

El abdomen está compuesto por siete anillos: el primero se estrecha e inserta en el tórax; el último está dotado de un aguijón en las obreras, mientras que los zánganos carecen de él. La reina posee un aguijón, aunque es diferente al de las obreras, como veremos a continuación.

LA GLÁNDULA DE NASSANOV

Se trata de una glándula importantísima colocada en la conjunción entre el sexto y el séptimo anillo. Emite una sustancia olorosa que varía en función de las colonias, permitiendo a cada abeja reconocer a sus «hermanas».

En el interior del abdomen, el aparato circulatorio transporta la hemolinfa, un líquido nutritivo transparente e inodoro, falto de glóbulos y que no se coagula. Por ello, la abeja herida pierde hemolinfa y está condenada a morir en poco tiempo.

En la parte inferior del abdomen de la obrera, se hallan las glándulas ceríferas, que permiten la producción de la cera.

Siempre en el interior del abdomen, la obrera posee también la bolsa melífera, para la recolección del néctar, y las dos glándulas veneníferas, una que segrega un líquido alcalino, y la otra, uno ácido. Las secreciones se canalizan después por las dos cerdas perforantes que constituyen el aguijón.

EL HUEVO Y LA LARVA

El ciclo vital de las abejas se inicia a partir de un pequeño huevo: un bastoncito de casi 1,5 mm de longitud y de unos 3 mm de diámetro que la reina ha puesto en un alveolo paralelo a las paredes del panal. El primer día, el huevo está en perpendicular al fondo del alveolo; después, empieza a inclinarse hasta que, al tercer día, se tiende sobre el fondo y se rompe.

La larva que acaba de nacer es más pequeña que el huevo. Durante los tres primeros días será alimentada con jalea real; excepto la reina, que será nutrida con esta sustancia durante toda su vida, la larva cambiará su menú por una mezcla de miel, agua y polen.

En la figura de la página siguiente se pueden observar los ciclos de desarrollo de las tres castas.

Adherida al fondo del alveolo, la larva crece rápidamente, enroscándose sobre sí misma hasta que, al cabo de tres o cuatro días, sus extremidades se tocan.

La larva de obrera realiza cinco mudas:

— a los 0,5 días;
— a los 1,5 días;
— a los 2,5 días;
— a los 3,5 días;
— a los 10 días (tras la operculación).

La larva está dotada de un gran intestino que le permite digerir el alimento suministrado por las nodrizas. Los residuos de la digestión son expulsados al fondo

El ciclo biológico de las abejas comienza en los huevos puestos por la reina en las celdas de los panales

Nidada en diferentes estadios

del alveolo poco antes de convertirse en ninfa, cuando la larva deja de alimentarse. Así, no hay riesgo de que las deyecciones ensucien la comida. Llegados a este punto, la larva madura (véase la figura de la pág. 17) empieza a hilar el capullo.

CICLO DE DESARROLLO DE LA OBRERA, DEL ZÁNGANO Y DE LA REINA (EN DÍAS)

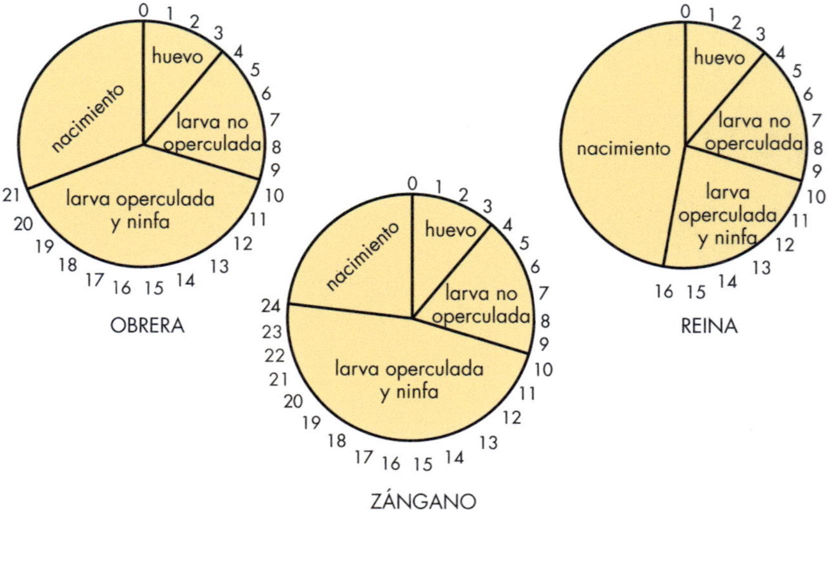

LA LARVA

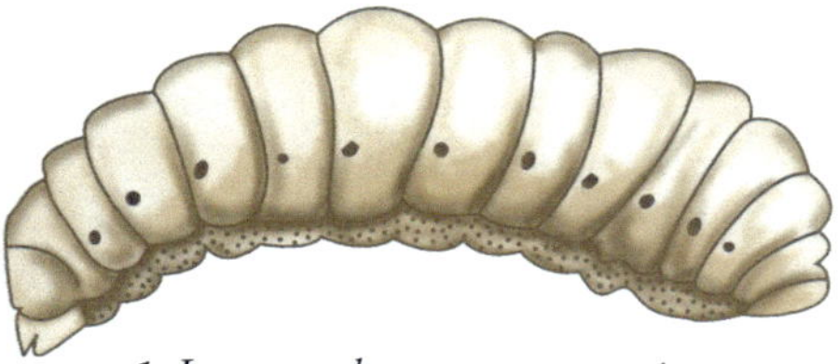

1. Larva madura: aspecto exterior

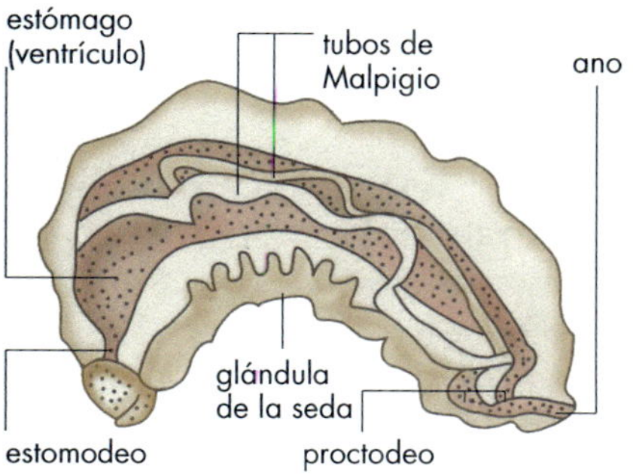

2. Larva madura: órganos internos

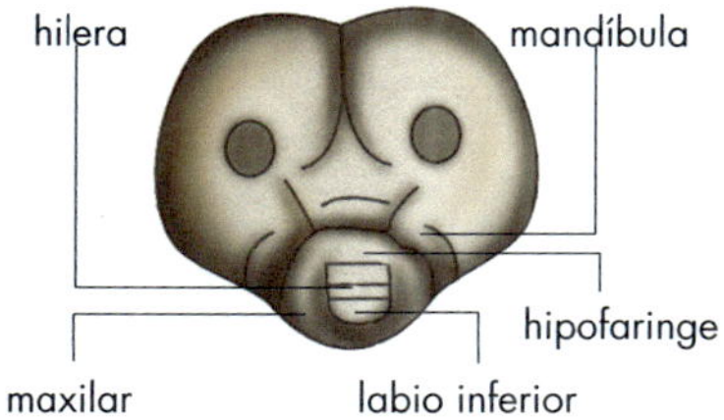

3. Cabeza vista de frente

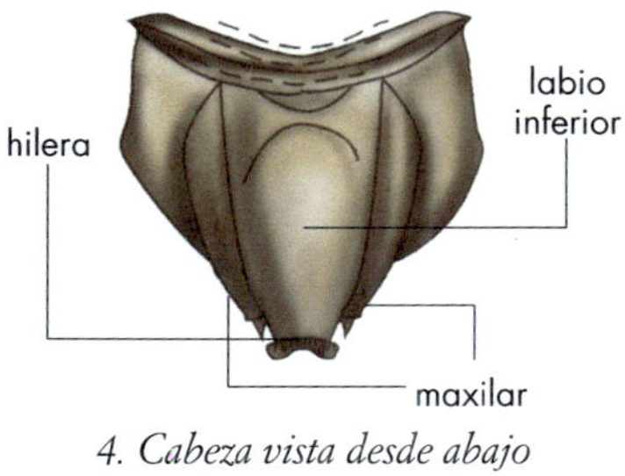

4. Cabeza vista desde abajo

TIPOS DE OPÉRCULO

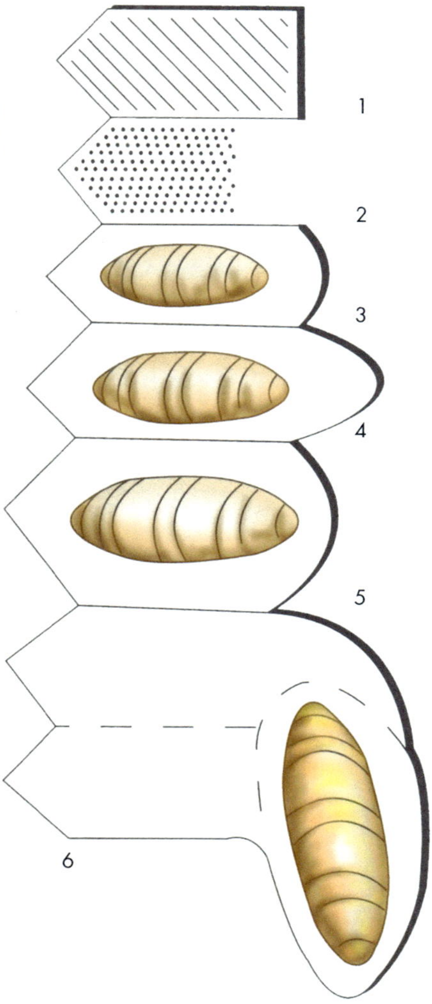

1. Alveolo con miel: el opérculo es plano y hermético
2. Alveolo con polen: no hay opérculo
3. Larva de obrera en un alveolo de obrera: el opérculo es plano o ligeramente convexo y poroso
4. Larva de zángano en un alveolo de obrera: el opérculo sobresale, muy convexo y poroso
5. Larva de zángano en un alveolo de zángano: el opérculo es convexo y poroso
6. Larva de reina: la celda está deformada, el opérculo es poroso

Al concluir el crecimiento, la larva ocupa por completo el alveolo, se halla en posición alargada con la cabeza hacia el opérculo, que es poroso al estar construido con cera y polen (en la figura de la página 17, podemos ver los diversos tipos de opérculos). Al cabo de unas dos horas de la operculación, la larva se inmoviliza y entra en el estadio de ninfa, iniciándose la metamorfosis que la transformará en insecto «perfecto». Este proceso se desenvuelve en fases cortas; de hecho, del huevo al adulto transcurren alrededor de 21 días para la obrera, 25 para el zángano y únicamente 16 para la reina. Estas fases pueden variar en función de condiciones climáticas adversas y alargarse entre uno y tres días; son bastante raros los casos de anticipación.

LAS TRES CASTAS

Las abejas melíficas viven en el seno de una familia o colonia permanente cuyo número varía según el periodo estacional y la fuerza específica de cada colonia. Por tanto, digamos que el número mínimo de una colonia es de unos 15.000 ejemplares en la estación fría y puede alcanzar los 100.000 en la estación de la recolección. Ninguna abeja puede sobrevivir al margen del grupo durante más de dos o tres días, lo cual explica el acentuado instinto gregario que tienen.

En el interior de una colonia, se distinguen tres castas:

— la reina;
— las obreras;
— los zánganos.

Las figuras de esta página y la siguiente nos muestran las

COMPARACIÓN ENTRE OBRERA, ZÁNGANO Y REINA

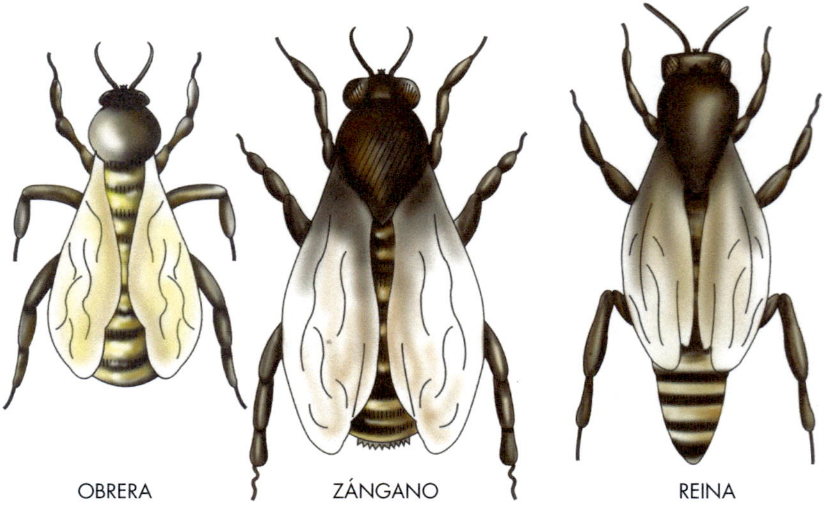

DIFERENCIAS EN LA CABEZA DE LAS TRES CASTAS

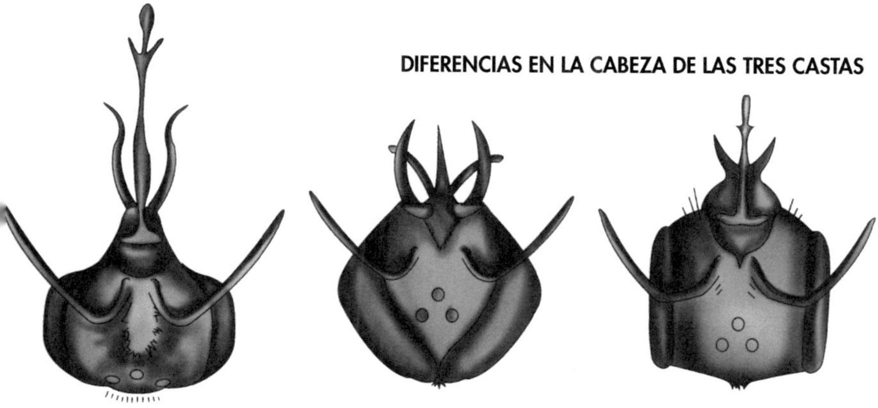

diferencias morfológicas más evidentes entre las castas. La reina, que es única para cada colonia, es indispensable, puesto que sólo ella puede poner los huevos y, así, ampliar la familia.

Las obreras, cuyo número varía en función de la estación, son unas 15.000 en los meses de invierno, y aumentan hasta unas 40.000 o 50.000 en primavera hasta alcanzar entre las 75.000 y 90.000 en verano. Los zánganos desaparecen prácticamente todos durante el invierno, y vuelven a aparecer en primavera. En el curso de una estación, cada enjambre puede producir entre 5.000 y 15.000.

LA REINA

La reina es fundamental para la vida de la colonia: una reina sana, joven y fuerte que ponga los huevos a buen ritmo permite un recambio constante de abejas y un pleno desarrollo del enjambre. Morfológicamente, se trata de un insecto fácilmente reconocible entre las obreras y los zánganos. Mide entre 18 y 22 mm de longitud y tiene una anchura torácica de unos 4,2 mm, lo que facilita que el apicultor utilice el «excluidor de reinas» para aislarla e impedirle que salga de la zona delimitada para la cría. La rejilla que cumple esta función está formada por barras separadas entre sí unos 4 mm, lo que permite la libre circulación de las abejas e inmoviliza únicamente a la reina. También puede distinguirse a la reina de los zánganos y las obreras por la coloración del cuerpo: existen reinas de color naranja claro (muy apreciadas por los apicultores, ya que delata su origen itálico), color ladrillo y tonalidades aún más oscuras, aunque siempre con el abdomen monocolor y no estriado, como es el caso de las otras dos castas. Posee alas cortas y patas más largas que las obreras. El aparato bucal es reducido y la lengua es más corta, puesto que no necesita succionar el néctar al ser alimentada por las obreras. Existen más de cincuenta

Reina rodeada de obreras. (Fotografía de Lega, Faenza)

diferencias anatómicas entre la reina y la obrera, por lo que evitaremos una lista completa; el aspecto más significativo es la ausencia del aparato secretor de la cera. Además, el uso del aguijón es también diferente, dado que la reina lo utiliza únicamente contra ejemplares de la misma casta, que mata cuando todavía se encuentran en la celda o durante los duelos en el periodo de la enjambrazón. El aguijón de la reina, llamado a menudo *espadín real* porque puede clavarlo y extraerlo sin que el insecto muera, es más largo y curvado que el de la obrera, la cual, por el contrario, no puede extraerlo una vez lo ha clavado y muere a continuación, puesto que parte de sus vísceras quedan adheridas al aguijón.

El ciclo vital de la reina es bastante diferente al de las otras castas, sobre todo en cuanto a su longevidad, pues llega a alcanzar los cuatro o cinco años de edad, lo que se debe únicamente a que la reina es alimentada durante toda su vida con jalea real. Todo empieza con un huevo fecundo, diploide, como del que nacen las obreras. Este huevo se deposita en un alveolo que las abejas modificarán, alargándolo, y que se convertirá en la «celda real». Veamos, en síntesis, el ciclo completo:

— puesta del huevo;
— eclosión del huevo al cabo del tercer día;
— larva no operculada durante cinco días y medio;
— operculación de la celda real al noveno día;
— larva operculada y ninfa durante siete días y medio;
— nacimiento del insecto perfecto al decimosexto día.

VIDA Y PUESTA DE LA REINA

Hemos dicho que la reina vive un máximo de cinco años; sin embargo, los primeros tres años son los más fructíferos.

Edad	Huevos puestos	Mortalidad
1	hasta 300.000	10 %
2	hasta 350.000	25 %
3	hasta 300.000	40 %
4	hasta 180.000	85 %
5	hasta 30.000	100 %

Transcurridos de 5 a 12 días desde el nacimiento, se producen los primeros vuelos de reconocimiento y uno o más vuelos nupciales (en las horas soleadas y sin viento). Si al cabo de 20 días del nacimiento la hembra no ha sido fecundada, queda estéril para el resto de su vida, y sólo podrá poner huevos de los que únicamente nacerán zánganos. Dos días después del último vuelo nupcial (por término medio, realiza de 2 a 4), comienza el periodo de puesta de los huevos: hasta 3.000 al día, lo que significa el triple de su peso corporal.

El aparato reproductor se compone de dos grandes ovarios, formados por tubitos ováricos que oscilan en número entre 160 y 180. En el interior de estos tubitos nacen y maduran los óvulos. Cada ovario desemboca en un oviducto que, a su vez, conduce los óvulos hasta la vagina, cerca de la cual se encuentra el conducto espermático en contacto con la espermateca. En ella se contienen los espermatozoides que la reina ha recibido durante el

Reina ovando. (Fotografía de Lega, Faenza)

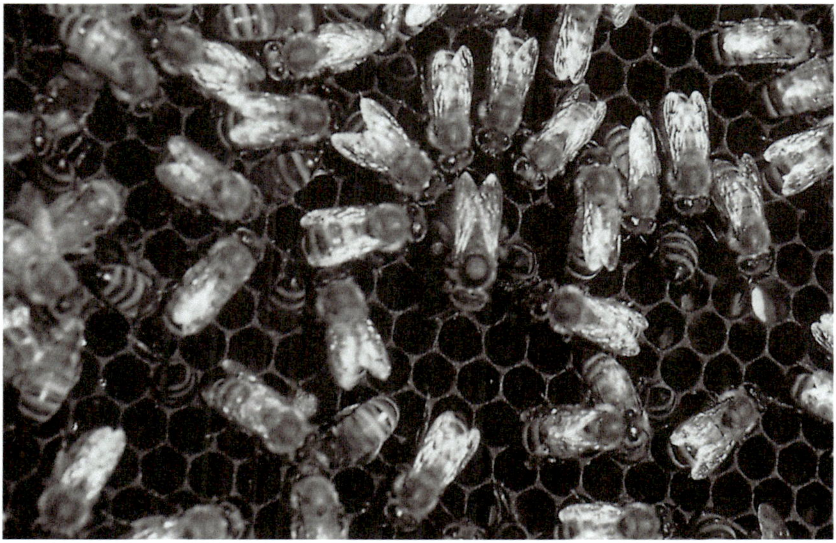

APARATO REPRODUCTOR DE LA REINA

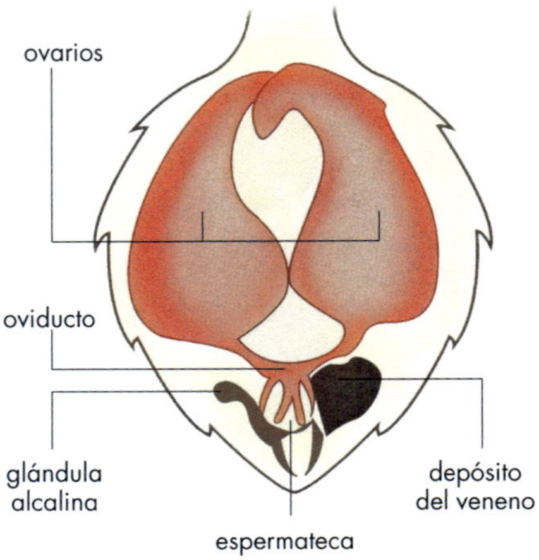

vuelo nupcial y que permanecen vitales durante toda la vida de la reina. Si la reserva de espermatozoides se agotara antes de la muerte natural de la reina, se correría el riesgo de que las abejas eliminaran a la reina que no depone con regularidad. En la vagina se produce una dilatación, la bolsa copuladora, en la que se producirá la fecundación de los huevos. El huevo maduro desciende desde el oviducto hasta la bolsa en la que el conducto espermático retiene entre tres y siete espermatozoides. El huevo fecundado desciende entonces a un orificio que se encuentra bajo el aguijón, y es por él por donde la reina lo depositará en el alveolo, perpendicular al fondo. La figura de esta página muestra el aparato reproductor de la reina.

En el curso de su vida, la reina pone huevos por un peso mil veces superior al suyo. En el caso de una reina fecundada artificialmente en el laboratorio, la puesta disminuye un 20 %. Por este motivo, aunque es cierto que la fecundación artificial permite seleccionar «cepas específicas», es preferible recurrir a la fecundación natural, que permite una mayor fortaleza de los ejemplares a causa de la propia selección natural.

Es importante conocer la edad de la reina para poder valorar su potencial. Además del sistema tradicional de marcado, que nos permite localizar fácilmente a la reina entre la multitud, existen ciertos indicadores de la edad y del estado de la reina que cabe tener en cuenta:

— una puesta regular y abundante es signo de buena forma y de una edad no demasiado avanzada;
— dimensiones correctas, coloración clara y alas plegadas sobre el abdomen y no estropeadas son señal de una buena forma y de una edad no avanzada;

LA EDAD DE LA REINA

Para establecer la edad de cada reina del enjambre, los apicultores han estipulado una convención por la que cada reina debe «marcarse» en el momento en que se produce la primera puesta. Se trata de una «manchita» colorada realizada con un barniz adecuado en la cabeza de la reina. El color varía cada año: 2002 amarillo, 2003 rojo, 2004 verde, 2005 azul, 2006 blanco. Después se vuelve a empezar con la misma serie.

— movimientos lentos y constantes, acompañados por una puesta regular, indican que la reina está sana;
— puesta escasa, movimientos bruscos y alas estropeadas y desplegadas señalan una baja forma o una edad avanzada;
— coloración oscura y unas dimensiones pequeñas, además de una puesta escasa, son signo de una edad avanzada.

La reina se encuentra siempre rodeada por cierto número de abejas jóvenes que trabajan como «esclavas»: la alimentan, la limpian y, en general, le proporcionan todas las atenciones que hagan más confortable la vida de la «soberana».

LA OBRERA

Si es cierto que la reina es indispensable para la vida del enjambre, no lo es menos que, desde el punto de vista del apicultor, la obrera es también muy importante: ¡trabaja!

La figura inferior nos muestra la estructura morfológica del insecto perfecto:

— longitud: 12-13 mm;
— tórax: 4 mm;
— peso de 10.000 abejas = 1 kg;
— longitud de la lengua: 5,5-7 mm;
— patas con cerdas y cesto para el polen;
— ovarios atrofiados (aunque en determinados casos sabemos que algunas obreras pueden engendrar sólo zánganos).

MORFOLOGÍA DE LA OBRERA

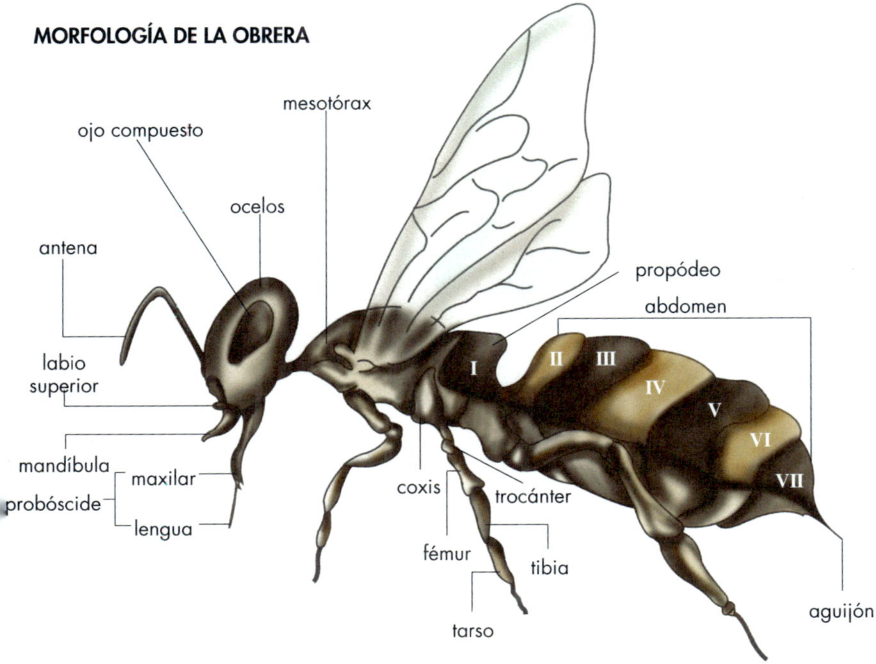

SISTEMA GLANDULAR DE LA OBRERA

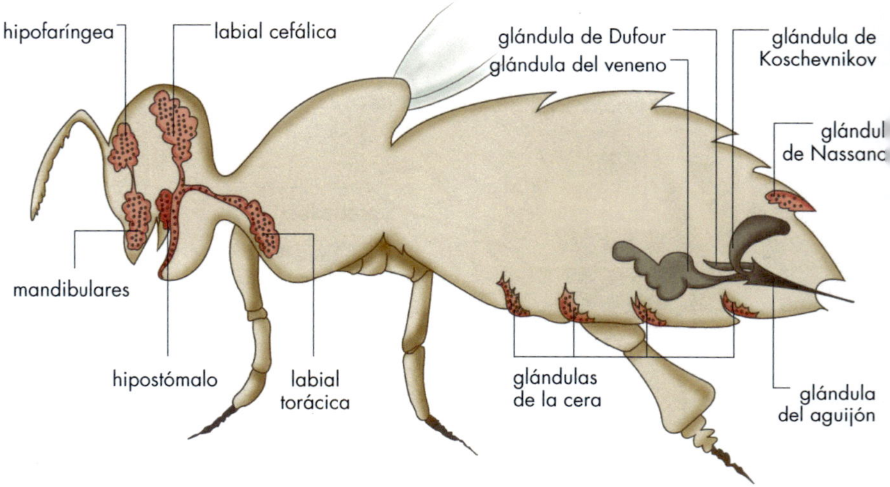

APARATO BUCAL DE LA OBRERA

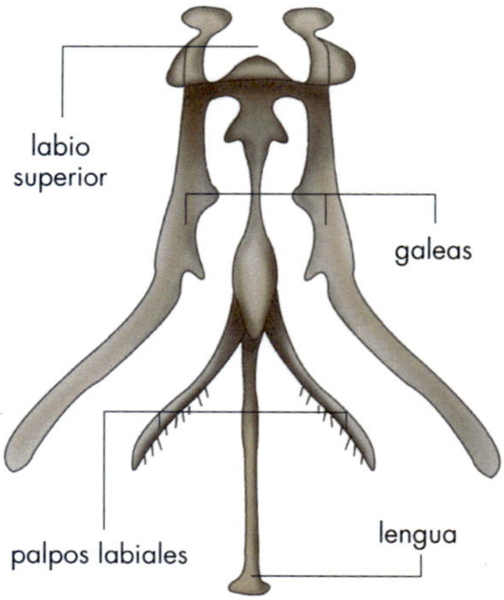

ESQUEMA DE LA TERCERA PATA DE LA OBRERA

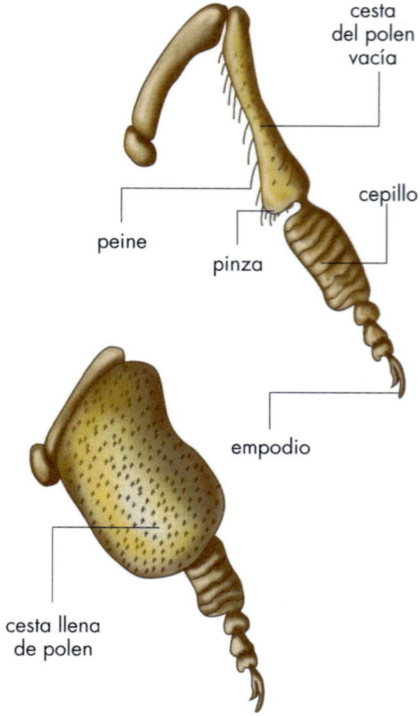

La figura superior nos muestra, entre otras, las glándulas que producen la cera y que le permiten construir los panales.

También en esta página vemos el aparato bucal por medio del

APARATO DIGESTIVO
DE LA OBRERA

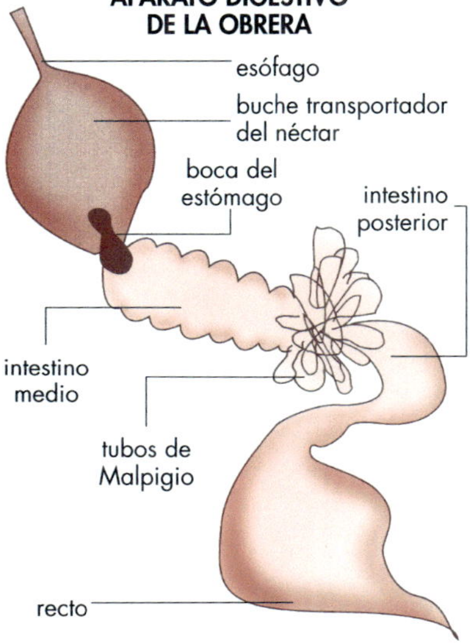

cual la abeja succiona el néctar que después transformará en miel.

La figura inferior derecha de la página anterior nos muestra las patas posteriores dotadas de un cesto para el polen, en el que además las abejas almacenan los propóleos.

La figura superior representa el aparato digestivo de la obrera y el buche donde el néctar empieza su transformación en miel.

La figura de la derecha nos muestra el aparato defensivo, dotado de un aguijón lobulado que está unido a dos glándulas que segregan una sustancia ácida y otra alcalina que, mezcladas, constituyen el «veneno». Es interesante destacar que, durante los primeros días de vida, el aguijón es inservible y que la agresividad de la abeja aumenta con la edad.

La abeja obrera nace de un huevo fecundado, depositado durante unos veintiún días antes en un alveolo femenino. La figura de la página 28 nos muestra las ocho fases de desarrollo de la abeja:

— huevo durante 3 días;
— larva no operculada durante 6 días;
— operculada al 9.° día;
— larva operculada y ninfa durante 12 días;
— nacimiento al 21.° día.

Después de nacer, aunque en los meses de invierno puede retrasarse dos o tres días, la obrera emprende una vida que

APARATO DEFENSIVO
DE LA OBRERA

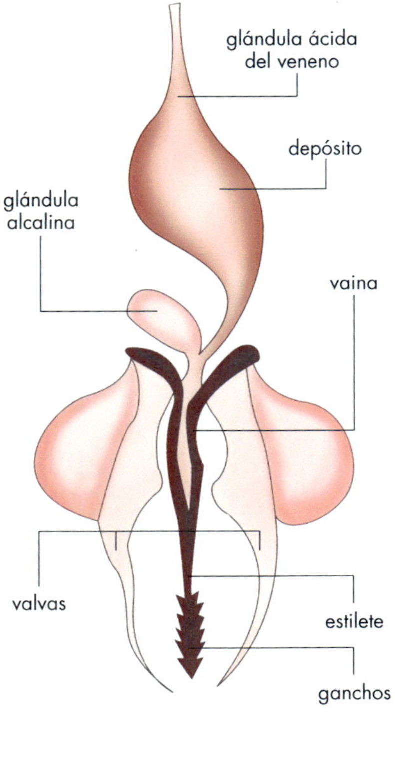

será bastante breve durante la estación de las grandes recolecciones, unos 40 días (el trabajo la «consume»), y un poco más larga durante las estaciones en que las cosechas son escasas, hasta alcanzar los seis meses en el caso de las abejas que nacen en otoño, arracimándose para hibernar y reincorporándose al ciclo vital del enjambre en primavera.

Detalle al microscopio del ojo de la abeja. (Fotografía de Lanceau/Cogis)

El dorso de esta obrera que liba néctar y polen en un girasol y sus alas abiertas y ligeramente desflecadas indican que se trata de una abeja vieja, que casi ha completado su ciclo vital

Nacimiento de una abeja

Abeja obrera trabajando. (Fotografía de Lanceau/Cogis)

EVOLUCIÓN DE LA OBRERA, DEL HUEVO HASTA EL NACIMIENTO

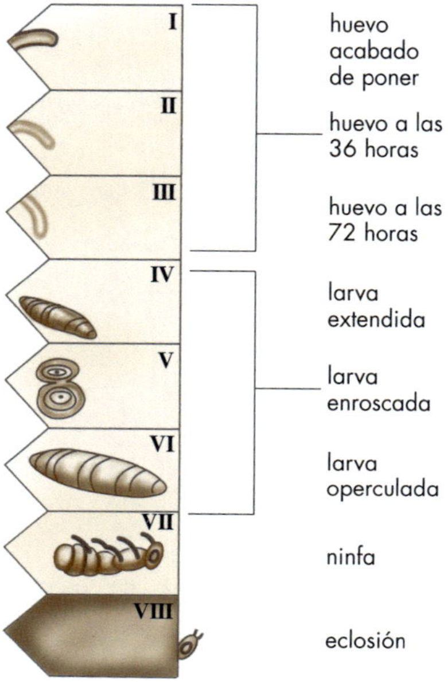

Inmediatamente después de nacer, la abeja reposa durante algunas horas para recuperarse de la fatiga que le ha causado «roer» el opérculo para salir de la celda, se alimenta y fortalece las alas. Durante tres días, se ocupa de tareas internas del enjambre. Ente el 7.° y el 13.° día, asume las funciones de nodriza y nutre a las larvas antes de la operculación de las celdas. Entre el 14.° y el 19.° día, trabaja como vigilante, ventiladora y «cerificadora». Del 20.° al 40.° o 45.° día, ejerce su labor de recolectora o pecoreadora. Este calendario es una generalización; en la práctica, ocurre a menudo que estas actividades se alargan o abrevian según las necesidades de la colonia. Es habitual que una recolectora vuelva a asumir funciones de guerrera durante los últimos días de su vida.

EL ZÁNGANO

La figura de la página 29 nos muestra el aparato reproductor del zángano. Únicamente la mitad de los zánganos de cada colonia es apta para la reproducción, y de ellos, sólo el 65-70 % alcanza la madurez sexual completa.

Aun así, el zángano es bastante útil, puesto que, además de la fecundación de la reina, desempeña pequeñas tareas cotidianas:

— colaboración en la ventilación;
— ayuda a transformar el néctar en miel;
— su presencia estimula a las obreras a trabajar más.

LA OBRERA NODRIZA

Cada nodriza se encarga de unas 10 o 12 larvas jóvenes, o bien de 6 u 8 adultas que exigen mayor cantidad de comida. Para el desarrollo de las larvas, se las alimenta con una mezcla de miel y polen. La dosis es esencial: se necesitan 12 granos para cada larva (0,1 g). Para el desarrollo de la colonia a lo largo del año, suelen utilizarse unos 25 kg de polen, además de una cantidad variable de néctar fresco y miel según el clima.

Zángano ingiriendo miel, entre diversas obreras. (Fotografía de Lega, Faenza)

El zángano nace de un huevo no fecundado aploide (reproducción partenogenética), depositado en un alveolo más grande que el de las obreras, dado su mayor tamaño. Normalmente, alcanza una longitud de unos 15 mm. Existen también algunos más pequeños, nacidos de hembras deformadas. Tienen una amplitud torácica de 5 mm, lo que permite el uso de «rejilla excluidora de zánganos» en caso de una colonia con una población demasiado elevada de zánganos. Consiste en una rejilla que se instala en la entrada de la colmena, con pasillos en embudo que les permiten salir pero no volver a entrar, mientras que las obreras pueden fácilmente transitar en ambos sentidos.

Veamos cuál es el ciclo vital del zángano:

APARATO REPRODUCTOR DEL ZÁNGANO

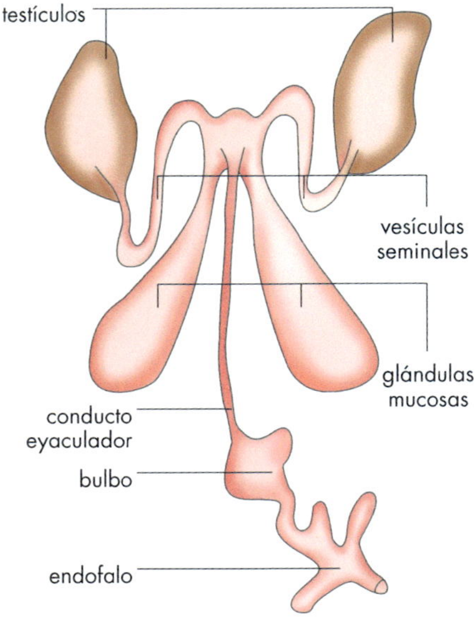

EL APAREAMIENTO

Cada zángano produce más de 10 millones de espermatozoides, si bien durante el apareamiento en vuelo sólo un 10 % logra penetrar en la espermateca. Por ello, la reina se aparea normalmente con más de un zángano, hasta almacenar unos 4 millones de espermatozoides. Tras el apareamiento, el zángano muere, puesto que su órgano queda adherido al de la reina.

— huevo durante 3 días;
— larva no operculada durante 6 días y medio;
— operculación, con opérculo saliente y abombado, hasta el 9.º día y medio;
— larva operculada y ninfa durante 15 días y medio;
— eclosión («nacimiento» entre el 24.º y el 25.º día).

La primera salida de la colmena se produce a los 9-12 días del nacimiento, y la madurez sexual la alcanza al cabo de 12-20 días. La vida media del zángano es de unos 50 días, y tiende a pasar de una colmena a otra si es expulsado por su familia de origen.

Durante la estación de la enjambrazón natural, en la que la densidad de la colmena es considerable y hay muchas reinas jóvenes por fecundar, se forman pequeños enjambres de zánganos, llamados *congresos*, en los cuales llegan a reunirse entre 10.000 y 15.000 zánganos, que recorren más de 20 km en busca de reinas con las que aparearse.

Abejas obreras almacenando miel. (Fotografía de Gissey/Cogis)

Apicultor realizando su trabajo

DESARROLLO IDEAL DE UNA COLONIA DURANTE EL AÑO

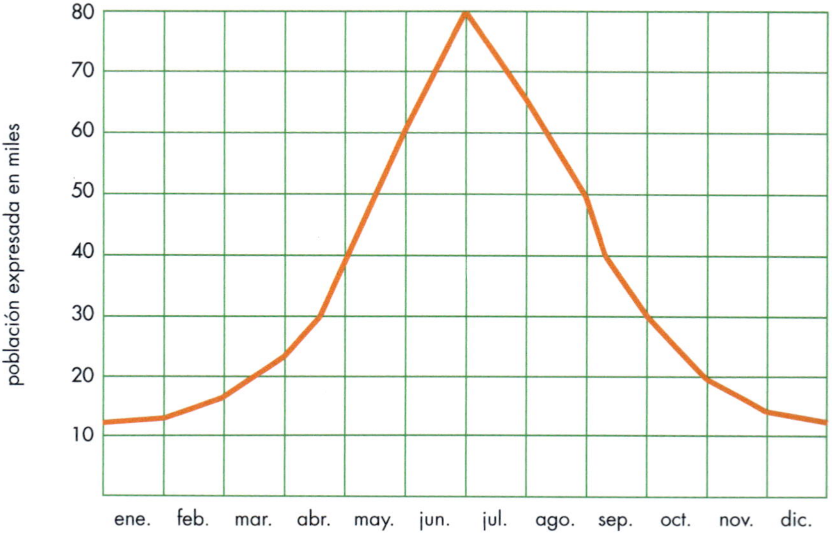

QUÉ SE NECESITA PARA UN CORRECTO DESARROLLO DE LA COLMENA

Para que la colmena pueda desarrollarse de la mejor manera, se deben respetar unas indicaciones fundamentales:

— reina joven y sana;
— colmena bien aireada y limpia;
— panales bien construidos que no superen los tres años;
— buena provisión de miel y polen;
— controles regulares por parte del apicultor.

Al final del verano, cuando la colmena ya no necesita a los zánganos para la fecundación de la reina, se abre la veda para la caza del zángano. Dos o tres abejas atacan a un zángano y lo arrastran fuera de la colmena, a la que no podrá regresar.

LA VIDA DE LA COLMENA

La vida de la colmena depende de múltiples factores: fuentes de néctar, situación geoclimática, evolución de las estaciones, enfermedades, intervención del apicultor. Pero, en general, una familia «normal» de abejas se compone de un conjunto de obreras, una reina sana y fértil y, en los meses de primavera y verano, cierto número de zánganos.

El gráfico de esta página muestra cómo, en el transcurso de los 12 meses del año, el desarrollo ideal de la colmena propicia que, durante la estación de las grandes recolecciones, el número de abejas que forman la familia sea superior al de abejas presentes en las estaciones de cosecha baja o nula. El desarrollo considerado

El trabajo de las obreras: recoger el polen

El trabajo cotidiano de las abejas recolectoras consiste en visitar el mayor número posible de flores para libar el néctar

PROPORCIÓN DE ABEJAS ADULTAS-NIDADA EN EL DESARROLLO DE UNA COLONIA

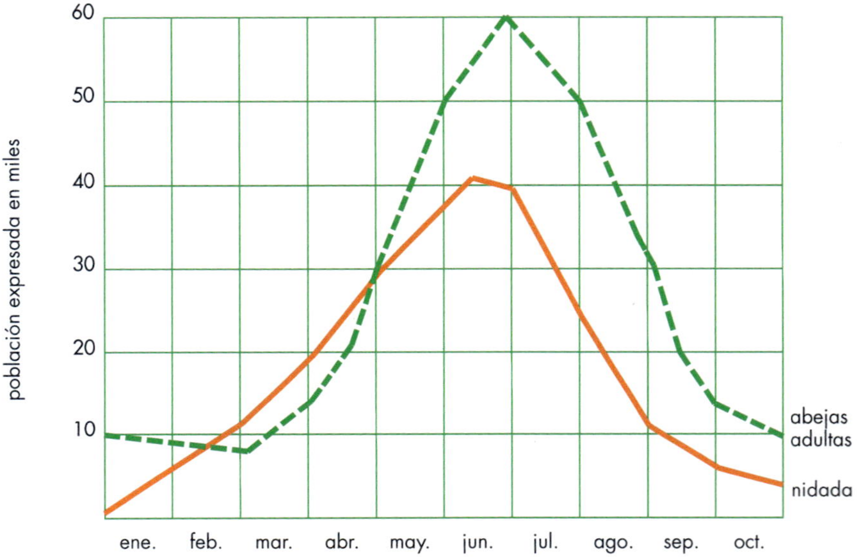

nos propone, como punto máximo, el periodo entre junio y julio, con 80.000 ejemplares. Esta cifra es muy genérica, pues el número de los ejemplares depende tanto de las regiones como de la intervención del apicultor, y puede aumentar hasta 100.000, o bien disminuir hasta 60.000. Además, el periodo en el que la familia alcanza su máximo número varía de dos a cuatro semanas.

Es responsabilidad del apicultor contribuir al desarrollo natural de la colonia, de manera que la familia alcance el periodo de cosecha en las mejores condiciones para dedicar el mayor número de pecoreadoras a la recolección. Para ello, como veremos más adelante, podemos recurrir a la alimentación artificial, a la fusión de varias colonias, a la sustitución de la reina, etc.

Observando la vida de una colonia a partir del mes de enero, vemos que se inicia con un número mínimo de abejas, con una ausencia casi total de nidada (en las zonas cálidas, es posible encontrar cierta nidada incluso en los meses invernales, mientras que, en las zonas frías, el periodo de «interrupción natural de la nidada» puede durar un par de meses).

El gráfico de esta página muestra cómo crece una colonia y se desarrolla normalmente en una zona de clima continental: en el periodo de máximo crecimiento, hay más larvas que abejas adultas, dado que la colonia se está

ADAPTACIÓN DEL RACIMO A LA VARIACIÓN DE LA TEMPERATURA EXTERNA EN UNA SITUACIÓN CLIMÁTICA IDEAL

A. diafragma; B. panales; C. alféizar

preparando para las grandes recolecciones de primavera y verano. Cuando la colmena haya alcanzado su máximo desarrollo, habrá siempre más abejas adultas que larvas.

Una familia de este tipo, que en invierno se arracima formando una «bola de abejas» alrededor de la reina y la nidada para mantener una temperatura constante, ocupa una superficie de la colmena y los panales mayor o menor en función de la temperatura externa y el número de abejas de la colonia. La figura superior muestra la adaptación ideal del enjambre a los cambios climáticos. En los meses cálidos, el racimo se deshace y ocupa todo el espacio de la colmena.

El desarrollo natural de la familia (sin intervención humana) raramente permite que la colonia supere las 60.000-70.000 abejas. Por regla general, la reina pone los huevos en círculos concéntricos partiendo de los panales centrales, y dentro de cada uno, a partir del centro. Una buena familia ocupará 7 u 8 panales al principio de primavera, y hasta 11 en su periodo de máxima expansión. Normalmente, se suele concentrar la nidada en el centro, el polen en la zona inferior y la reserva de miel en la parte superior y, en general, en los bordes del panal. Si la estación transcurre de manera uniforme, sin cambios bruscos de temperatura y con la floración subsiguiente, la puesta de la reina será regular. Si, por el contrario, la estación tiene altibajos, también la puesta se resentirá, adelantándose o retrasándose. En este caso, el apicultor puede incentivar la

LA IMPORTANCIA DEL RACIMO

El racimo tiene una función esencial para la economía de la colonia. La «bola de abejas» se forma manteniendo en el centro, que está más caliente, a la reina y las abejas más jóvenes. Las abejas viejas, que de todos modos no llegarán a la primavera, se colocan en el exterior y cubren a las otras. Podrán morir de frío, pero de este modo salvarán a las jóvenes y la reina, que reemprenderán el ciclo vital en primavera.

puesta de manera artificial, proporcionando alimento «estimulante» a la colonia. La alimentación estimulante debe realizarse con cuidado en primavera, teniendo en cuenta l características de la zona. De ot modo, existe el riesgo de que la sobrealimentación induzca a las abejas al enjambrado, o bien a saturar los panales de reservas c miel que impedirían la puesta d la reina.

EL «LENGUAJE» DE LAS ABEJAS

Una colmena consume en el transcurso de un año alrededor d 160-180 kg de miel, unos 25 kg de polen y casi 60 l de agua. Según un cálculo realizado por Zappi Recordati en 1947, para obtener 1 kg de miel las abejas deben realizar 40.000 vuelos y libar más de 5 millones de flores. Estas sorprendentes cantidades nos permiten comprender que las abejas serían incapaces de recolectarlas si tuvieran que prolongar su jornada de trabajo obteniendo por sí mismas las fuentes de néctar. Para solucior este problema, las abejas han desarrollado un lenguaje sofisticado y preciso a través de varios tipos de danza.

El estudio del «lenguaje» de abejas es bastante reciente y se debemos al Premio Nobel Von Frisch. Él fue el primero en desvelar el significado de much... danzas de las abejas (el interesado en ampliar sus conocimientos

EL LENGUAJE DE LA OBRERA

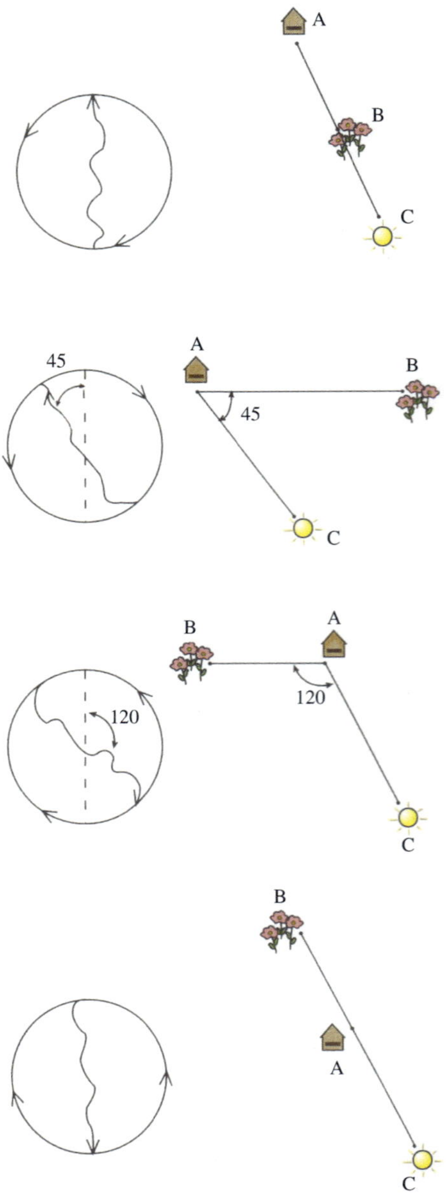

La flecha indica el sentido de la danza: A. colmena, B. flor, C. sol

LA DANZA DE LAS ABEJAS

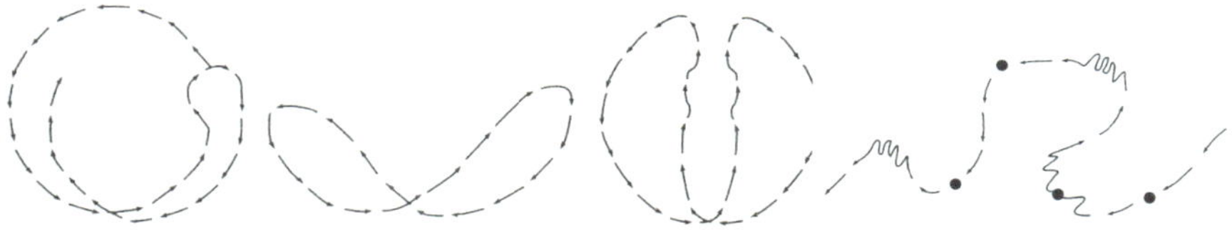

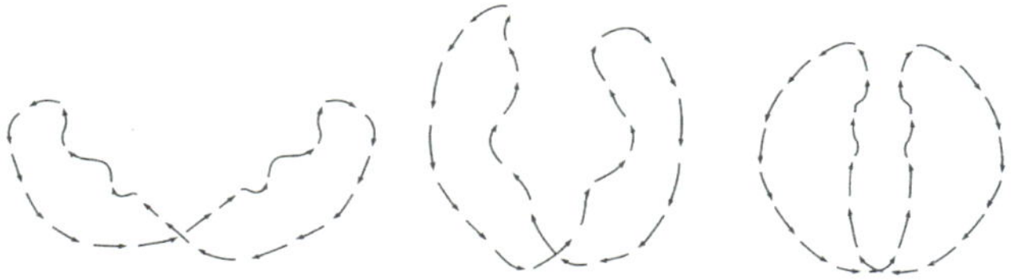

puede leer su interesante *El lenguaje de las abejas*), con las cuales estos laboriosos insectos se comunican con exactitud la ubicación de las fuentes de néctar. Además de Von Frisch, Wilson ha demostrado cómo las danzas de las abejas varían si la colmena se halla en horizontal o en vertical.

La figura de la página anterior muestra la «danza circular», uno de los descubrimientos de Von Frisch: el ángulo formado por la diagonal de coleadura de la abeja y la orientación de la entrada de la colmena (la abeja y su panal) es igual al ángulo entre la zona del néctar y el sol, con el vértice en la entrada de la colmena. La abeja no comunica la distancia entre esta y la fuente de néctar, sino la cantidad de energía necesaria para alcanzarla. Para expresar este valor, ejecuta la danza a mayor o menor velocidad y con una intensidad de coleo mayor o menor. En resumen, la abeja comunica a sus compañeras no sólo la ubicación de la fuente del néctar, sino también la dificultad que pueden encontrar para

DANZA CIRCULAR Y DANZA DEL ABDOMEN

Von Frisch ha descrito dos tipos de danza: la circular, ejecutada a pasitos y saltitos en círculos concéntricos, y la del abdomen, ejecutada en semicírculos a partir de una recta inicial. En un primer momento, se creía que la primera se refería a las fuentes de néctar, y la segunda, a las de polen; después, se ha comprendido que aquella se refiere a fuentes cercanas (hasta 100 m), y esta, a fuentes lejanas (más de 100 m).

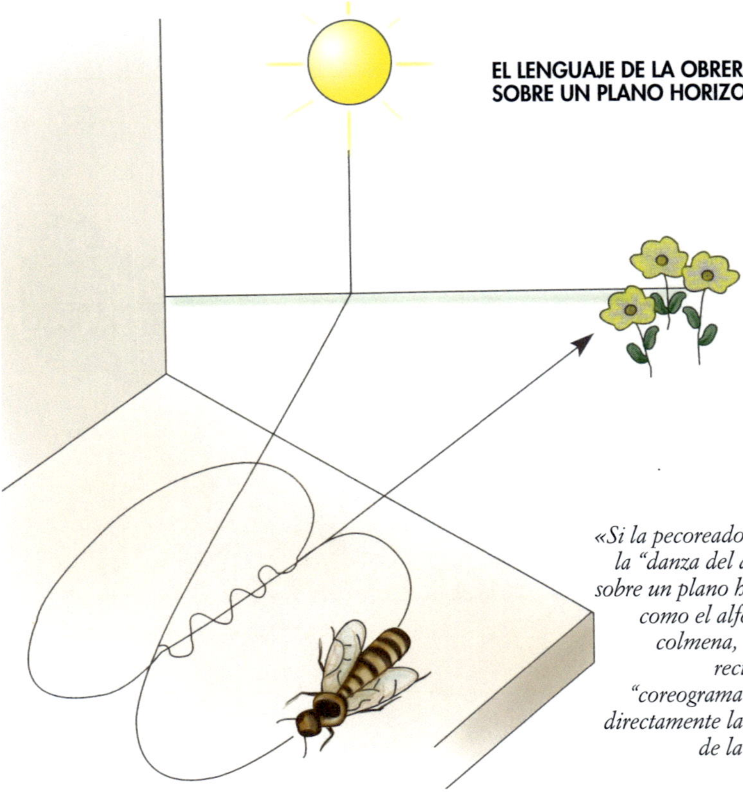

EL LENGUAJE DE LA OBRERA SOBRE UN PLANO HORIZONTAL

«Si la pecoreadora ejecuta la "danza del abdomen" sobre un plano horizontal, como el alféizar de la colmena, el trazado rectilíneo del "coreograma" indicará directamente la dirección de la comida.» (Wilson)

alcanzarla. Si la danza se ejecuta de manera vivaz, significa que la fuente del néctar es rica; en caso contrario, la fuente es pobre.

La figura de la página anterior muestra los diagramas de las danzas circulares, del abdomen y de algunas formas intermedias.

La danza circular sirve para indicar una fuente cercana, hasta 100 m de la colmena. La danza de la guadaña sirve para indicar fuentes a una distancia de entre 10 y 100 m (Tschumi).

La danza del abdomen sirve para indicar fuentes a distancias variables. La distancia depende del número de veces que la abeja recorre en 15 segundos la línea que une los dos semicírculos. Si la abeja la recorre 10 veces, la fuente se halla a unos 100 m; si la recorre 7 veces, a unos 550 m; si la recorre 4 veces, a unos 1.000 m; si la recorre sólo 2 veces, entre 4.500 y 6.000 m. Si la fuente de néctar se encuentra en la dirección del sol, la abeja recorre la línea de conjunción con la cabeza hacia arriba; si se halla en dirección opuesta al sol, con la cabeza hacia abajo (sobre el panal). Si el botín se encuentra a la derecha o a la izquierda del sol respecto a la entrada de la colmena, la abeja inclina la dirección de la danza describiendo un ángulo formado por la dirección de la danza respecto a la conjunción colmena-sol.

Existen, además, formas intermedias entre la danza circular y la danza del abdomen, que se derivan de las diferencias de lenguaje entre las diversas especies e incluso de los «dialectos» típicos de cada colonia.

Las danzas en zigzag sirven para indicar fuentes de néctar muy próximas, incluso a pocos metros.

Hay otras danzas interesantes:

— el pisoteo y el balanceo, levantando y bajando el

EL CANTO DE LAS REINAS

Von Frisch estudia el canto de las reinas (en *El mundo de las abejas*) y explica que se desconoce si cantan también las reinas fecundas; ciertamente, las reinas jóvenes cantan apenas nacen. La reina joven, antes de emprender el vuelo nupcial y, en su caso, enjambrar, emite desde la celda real un «tui-tui» en busca de una hermana, quien le responde con un «cua-cua». La reina joven canta frotando las alas durante unos 3 segundos, se mueve unos 10 segundos y vuelve a cantar. Se mueve unos 10 cm sobre los panales entre cada canto y las abejas guardan silencio.

LA DANZA DE ALARMA

Schneider ha estudiado cómo las abejas ejecutan una frenética danza en zigzag cuando se ha recolectado alimento contaminado. De este modo, ponen en guardia a las guerreras, que detienen y dan muerte a las abejas que traen a la colmena el néctar o polen contaminados.

EL LENGUAJE DE LA OBRERA SOBRE UN PLANO VERTICAL

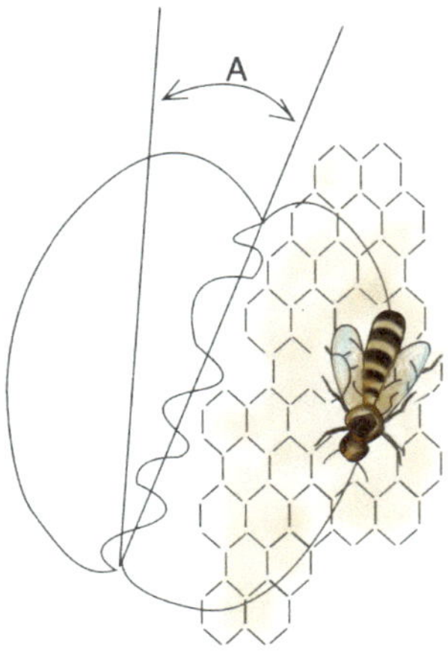

«Si la pecoreadora danza sobre un plano vertical, como el panal, traslada el ángulo (A) comida-proyección en el suelo, del sol sobre la vertical.» (Wilson)

abdomen: expresa el deseo de una abeja de ser limpiada; cuando una abeja limpiadora se presta a hacerlo, la danza se detiene;

— la danza de la felicidad: consiste en vibraciones dorsales-ventrales-abdominales (DV-AV-Milum) e indica que la colonia es perfecta, que ha nacido una reina, que se ha operculado una celda real, etc.;

— la danza del masaje: una abeja se dobla de tal modo que induce a las compañeras a pasar por encima y por debajo de ella, y así recibe un masaje.

Las figuras de las páginas anteriores muestran imágenes de las danzas según Wilson.

LA APICULTURA Y EL APICULTOR

APICULTURA FIJISTA Y MOVILISTA

Hablar de apicultura fijista y movilista implica distinguir entre el apicultor que instala sus colmenas en un enclave estable, del que lo hace en diversos lugares, en función del periodo de floración de las plantas más gratas y productivas.

La técnica de organización de la colmena, los problemas y las enfermedades son los mismos en ambos casos; aun así, existen importantes diferencias entre los dos tipos de apicultura.

Colmenar para polinizar frutales

Para simplificar, veamos las características de ambas formas:

— colmena: las móviles están construidas de manera que se puedan transportar y cerrar herméticamente, y tienen, por regla general, nidos de 10 panales más ligeros; las fijas son más macizas, carecen de rejilla de cierre en la entrada y se componen de 122 panales que proporcionan a la cámara de cría una mayor disponibilidad de espacio;
— organización del colmenar: la movilista debe provocar artificialmente el desarrollo de las colonias para obtener las diversas cosechas con familias productivas, por lo que tendrá que realizarse una alimentación estimulante y las fusiones oportunas; quien practica la apicultura fijista, en cambio, puede permitirse forzar menos las familias y respetar el desarrollo natural de las colonias, con el consiguiente ahorro de trabajo, así como la obvia disminución de la recolección del néctar;
— producción: el movilista puede alcanzar 4 o 6 cosechas anuales por 80-120 kg de producto por colmena; el apicultor fijista no suele alcanzar más de 2 o 3 cosechas por 40-70 kg de producto por colmena.

La ventaja de la apicultura movilista consiste en la posibilidad de producir miel de diversa calidad en función de su aceptación comercial.

EL COLMENAR: DÓNDE, CÓMO Y CUÁNDO INSTALARLO

Para emprender la actividad apicultora, debemos partir del lugar en el que vamos a instalar el colmenar. Para ello, hay que elegir un enclave adecuado para las abejas. Teniendo presente que necesitan mucho «pasto» para la recolección del néctar y polen, habrá que comprobar que en un radio de 4-6 km del colmenar exista una buena cantidad de vegetación que les ofrezca alimento abundante. Además, es importante asegurarles la provisión de agua y, si no hay cursos de agua o fuentes próximas, tendremos que proporcionársela artificialmente. Sin embargo, hay que tener en cuenta que puede resultar perjudicial una extensión de agua demasiado grande si la zona es particularmente húmeda o si las abejas deben sobrevolarla para alcanzar la zona de pasto. Por otro lado, el lugar en el que instalemos el colmenar debe estar a cubierto del viento y, en las zonas cálidas, del exceso de sol en verano. Un enclave idóneo sería aquel que permitiera orientar la entrada de las colmenas hacia el sudeste y detrás de árboles de tronco largo y de hoja caduca, que en verano lo protegen del sol y en invierno le proporcionarán refugio del viento frío del norte sin quitarle la luz. Por último, es importante disponer las colmenas de modo que permanezcan a un mínimo de 40-50 cm del suelo: nuestro

Organización de un colmenar para la producción de jalea real en una zona a pie de montaña

trabajo resultará más cómodo y evitaremos los inconvenientes derivados de la humedad, así como de los animales terrestres que pudieran acceder a la colmena. Según las circunstancias, instalaremos las colonias en paralelo, en semicírculo o en «formaciones» diversas, teniendo siempre en cuenta tanto las necesidades de los insectos como del apicultor.

Una vez hemos encontrado el sitio idóneo para el colmenar, nos ocuparemos de obtener las abejas. Para ello, y si no contamos con la ayuda de algún experto al que dirigirnos, podemos adquirirlas (en colonias, enjambres o núcleos, según las necesidades) en un comercio profesional. La compra puede realizarse en cualquier momento del año, aunque el periodo más adecuado es la primavera, desde el final de la estación fría hasta el inicio de las primeras recolecciones. En este periodo, podemos comprar colonias nacidas en invierno, sanas y fuertes, y proceder directamente a la recolección. El coste de las abejas es, sin

LOS REQUISITOS ESENCIALES DE LA SEDE DEL COLMENAR

La ubicación idónea para instalar un colmenar debería cumplir los siguientes requisitos:

— numerosas fuentes de néctar en un radio de 3 km;
— posibilidad de provisión de agua;
— expuesta en dirección sudeste;
— ausencia de humedad;
— distancia notable de centros industriales.

embargo, más alto en esta época que durante el verano, ya que la finalización de la recolección hace descender los precios a la mitad. Asimismo, durante este periodo podemos comprar familias para prepararlas para la próxima estación. El coste será más bajo, pero tendremos que afrontar diversos problemas típicos del invierno sin haber recolectado antes. De todos modos, la verdad es que el único periodo en que es preferible no comprar abejas es el final del otoño y en invierno: en esta época no es posible organizar las colonias, ni con fusiones ni con alimentación estimulante, sin correr el riesgo de empeorar las cosas.

LA COLMENA Y SUS ACCESORIOS

Cuando hablamos de una colmena, con independencia del modelo y de sus dimensiones, nos referimos a la vivienda que el apicultor pone a disposición de las abejas (véase pág. 45).

FONDO

Se trata de una superficie plana ligeramente inclinada hacia delante que permite retirar fácilmente los residuos de las abejas, además de la eliminación de la humedad de condensación que se crea en el interior de la

Abejas a la entrada de la colmena. (Fotografía de Lanceau/Cogis)

COLMENA FIJISTA

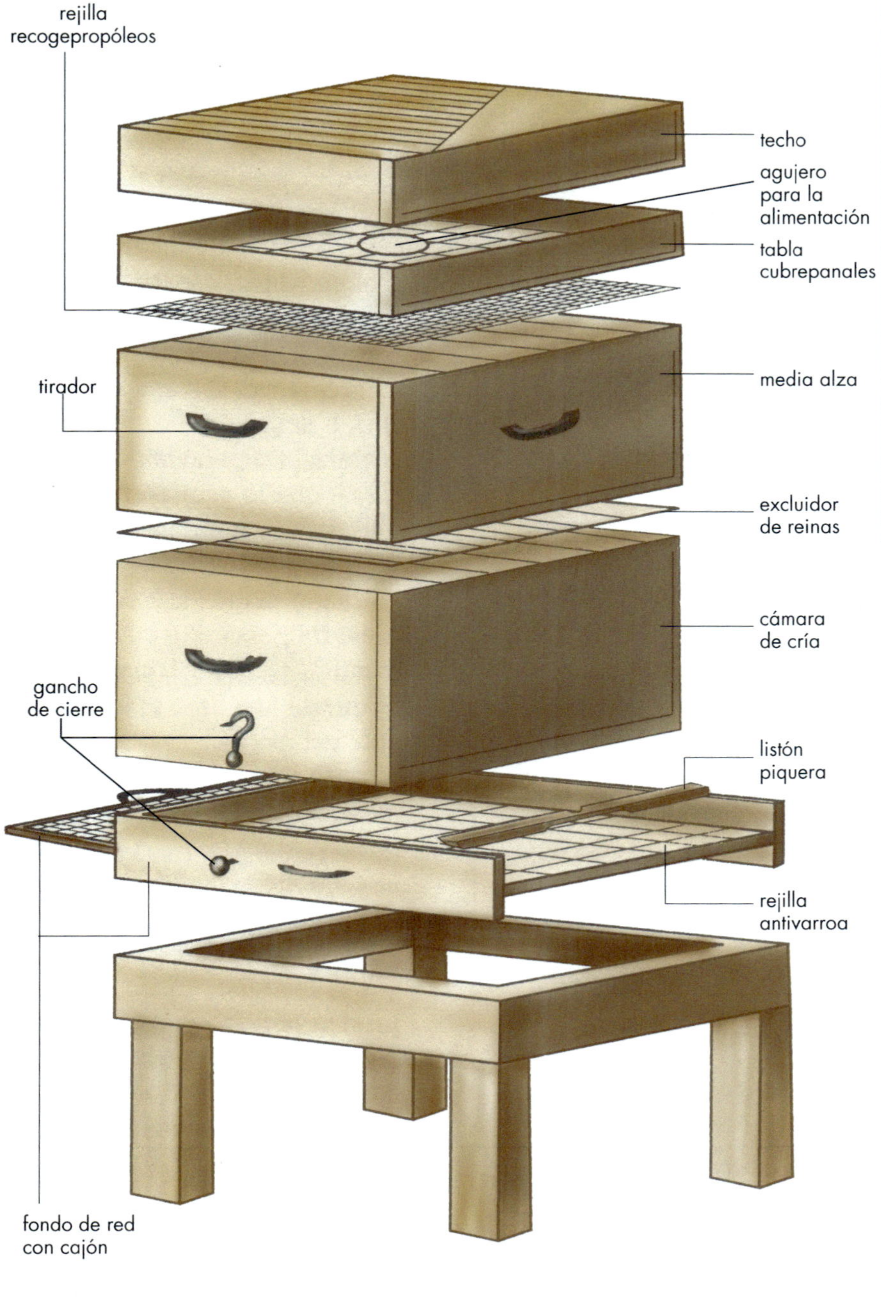

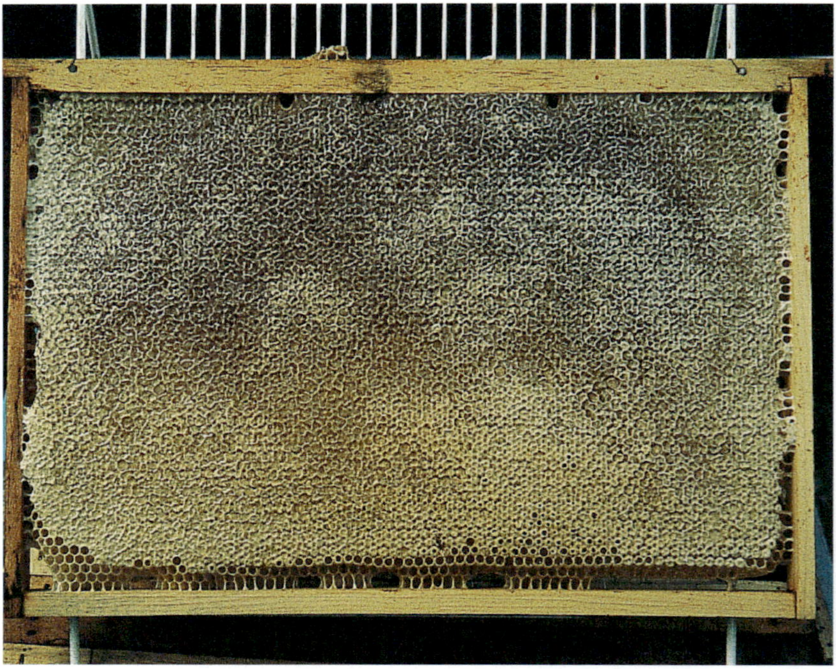

Panal de cámara de cría con miel

colmena. El fondo puede ser fijo o móvil, según si está clavado a la cámara de cría o fijado en esta con ganchos. La colmena «de última generación» posee un fondo de red con un cajoncito (fondo antivarroa) para recoger los residuos que se desprenden de los panales. El fondo de red permite al apicultor ver lo que cae en su interior e interpretar cada signo como una mayor o menor presencia de varroa (véase el capítulo «Los enemigos y las enfermedades de las abejas»), polen, cera de los opérculos y todos los detritos que, posándose en el fondo, ofrecen motivos de reflexión para el apicultor. La red es robusta, lo que permite que las abejas se muevan cómodamente y el resto resbale hacia el fondo.

Cámara de cría

La cámara de cría consiste en una caja sin techo ni fondo, de 45 ∞ 45 ∞ 30,8 cm de altura (en caso de colmenas de 10 panales, las medidas de los lados son de 45 ∞ 38,5 cm). En el lado interior de las paredes frontal y posterior, hay unas ranuras para apoyar los cuadros. Para mantener la distancia idónea entre los panales, se instalan separadores de metal adecuados. En la parte anterior está la salida de la colmena, que restringe el

Panales de media alza

acceso por medio del listón piquera.

Listón piquera

El listón piquera es una barra de madera que consta, en los dos lados de mayor tamaño, de dos aberturas, una más grande que la otra, que deben regularse en función de la temperatura exterior. En los meses cálidos, el listón piquera deberá retirarse. Las barras pueden ser también de hierro y plástico, dentadas (lo que facilita el continuo trasiego de las abejas) o perforadas (que dejan pasar el aire pero no las abejas, lo cual nos permite retenerlas en el interior cuando debemos trasladar la colmena o ante cualquier otra eventualidad, como puede ser impedir la cosecha de néctar y polen si se han irrigado pesticidas o herbicidas en las zonas cercanas). Así, podremos mantener las abejas encerradas, pero no mucho tiempo para impedir que se sofoquen.

Media alza

Es idéntica a la cámara de cría, aunque mide la mitad (15,4 cm). En la media alza se depositan las provisiones que satisfarán las necesidades de la familia, o lo que es lo mismo, del apicultor.

Apilar panales de media alza en una única colmena puede ser un sistema para hacer que las abejas recuperen la miel que han perdido los panales tras la recolección

Rejilla de cierre

Se instala únicamente en las colmenas movilistas y consiste en una rejilla de red o de plástico que deja pasar el aire, pero no las abejas, lo que permite el fácil transporte de la colonia sin riesgo de asfixia.

Tapa cubrepanales

Consiste en una superficie plana de madera o aglomerado, dividida en secciones para poder acceder a una sola zona, del mismo tamaño que la cámara de cría y la media alza, que sirve para cerrar la parte superior de la colmena. Normalmente, tiene en el centro un agujero redondo con un disco que sirve de cierre y que puede girar para dejar el agujero libre al introducir el alimento.

Techo

Es la protección superior de la colmena y puede ser de diversas formas: plano, de caja o de vertido. Lo importante es que entre el techo y la tapa cubrepanales quede libre una cámara de aire, que cumple una función de aislante térmico y que en invierno puede rellenarse con materiales cálidos.

Cuadros

Son marcos de madera, rectangulares, de diversos tamaños según se destinen a la cámara de cría o a la media alza, en los que se fijará, en alambres extendidos a tal efecto, la hoja de cera. El lado superior se prolonga en sendos soportes que se apoyan sobre los separadores de la cámara de cría sosteniendo el panal. La distancia entre los cuadros de la cámara de cría es menor a la que hay entre los cuadros de la media alza, dado que la primera debe permitir una menor dispersión de calor. Por este motivo, las colmenas de 12 panales tienen 12 espacios en la cámara de cría y sólo 11 en la media alza, mientras que las de 10 tienen 10 espacios en la primera y sólo 9 en la segunda.

Los accesorios indispensables, o simplemente útiles, para una apicultura racional son los siguientes:

— diafragma;
— alimentadores;
— excluidor de reinas;
— salvaabejas;
— ángulos;
— tiradores;
— trampa de polen;
— rejilla recogepropóleos;
— trampa separazánganos.

Diafragma

Se utiliza únicamente para la cámara de cría y es intercambiable con un cuadro que, en lugar de hoja de cera, tiene una tablilla de chapa (la madera se utiliza poco). Sirve para disminuir el espacio de la cámara de cría durante el invierno, así como para ocupar el que deja libre el último marco (puesto que las abejas no construyen panal sobre el diafragma). Se extrae con facilidad y no daña la colmena, y deja así un espacio de maniobra para manejar cómodamente los panales propiamente dichos.

Alimentadores

Son contenedores de forma y capacidad diversas que sirven para proporcionar a las abejas un complemento alimentario al que ellas mismas obtienen de la naturaleza. Existen alimentadores

ALIMENTADORES DE TAZA

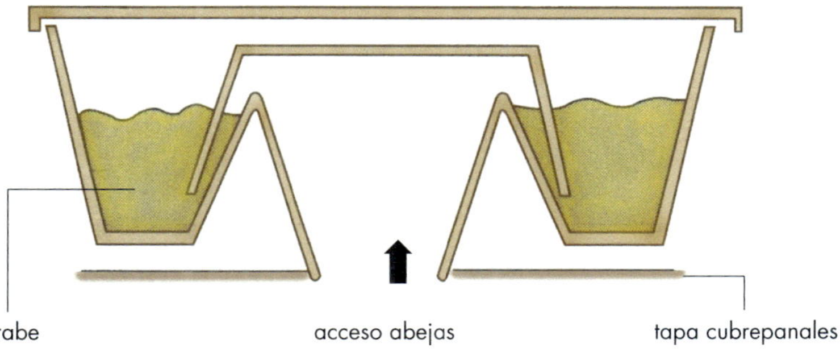

de taza (véase pág. 49), redondos o rectangulares, que se instalan sobre la tapa cubrepanales y que están compuestos por un depósito con un agujero central, sobre el cual colocaremos un cono abierto que se corresponde con el agujero del tablero por el que pasarán las abejas. A continuación, se coloca sobre el cono una tapa, que se apoya sobre el fondo del depósito y permite al líquido subir y a las abejas succionarlo apoyándose en el borde del cono. Con estos alimentadores, las colonias se nutren sin ser molestadas. Además, existen alimentadores de bolsillo, de cámara de cría y de alzas, que poseen las

En las dos imágenes se puede observar un alimentador de taza desmontado (izquierda) *y un alimentador de taza con alimento líquido instalado de forma correcta sobre la tapa cubrepanales* (abajo)

dimensiones de los marcos, aunque con dos paredes separadas de manera que forman un bolsillo (se fabrican en plástico y en chapa) en el que se vierte la comida.

EXCLUIDOR DE REINAS

Se trata de una rejilla que aprovecha la diferencia de tamaño entre el abdomen de la reina y el de las obreras para permitir el

Si se utiliza el excluidor de reinas entre la cámara de cría y los panales de media alza, se tendrá la certeza de que la reina no podrá poner su nidada en estos últimos; el panal para la recolección de la miel será así perfecto (imagen superior). *En cambio, si no se utiliza el excluidor de reinas, la reina podría ovar en el panal de media alza, causando problemas en el momento de la recolección* (imagen inferior)

paso únicamente a estas. Se utiliza para impedir que la reina pueda pasar de la cámara de cría a la media alza e influir, con efectos diversos, en la producción de la jalea real y de las reinas.

SALVAABEJAS

Se trata de una pieza divisoria colocada entre la cámara de cría y la media alza para facilitar a las abejas bajar de esta a aquella e impedir que vuelvan a subir. De este modo, podremos manipular las cámaras de cría sin abejas, ya listas para extraer la miel. Existen varios modelos de salvaabejas, aunque todos cumplen este cometido de manera satisfactoria si los instalamos entre el alza y la cámara de cría 18-24 horas antes de la extracción.

ÁNGULOS

Son barritas metálicas en forma de «L» que se aplican con tornillos en las esquinas superiores de la cámara de cría y permiten fijar mejor la media alza en el propio nido. Se usan sobre todo en las colmenas movilistas.

TIRADORES

Son asas metálicas que se instalan a los lados de la colmena para transportarla mejor; son

Trampa recogepolen instalada. (Fotografía de Lega, Faenza)

LA COLMENA DE OBSERVACIÓN

Hay colmenas cuyas paredes están compuestas por ventanas; tienen un vidrio y una ventanilla de cierre. Cuando se quiere observar el interior de la colmena, se abre la ventanilla y se puede mirar la actividad de las abejas sin perturbarlas.

indispensables para el modelo movilista.

Trampa de polen

Se trata de una rejilla especial que se instala a la entrada de la colmena; separa las bolitas de polen de las cestitas de las abejas y las recoge en una cajita.

Rejilla recogepropóleos

Se trata de una rejilla de plástico que se coloca entre la cámara de cría y la tapa cubrepanales, o entre esta y la media alza, y que permite la circulación del aire. Dado que las abejas no pueden soportar las fisuras, se apresurarán a obstruirlas con los propóleos. Cuando la rejilla está completamente propolizada, la retiraremos para recuperar la preciosa resina.

Trampa separazánganos

Puede ser de dos tipos: el primero permite salir a los zánganos de la colmena pero no volver a entrar (se utiliza también como medio para evitar el saqueo, ya que reduce el acceso a la colmena); el segundo los obliga a circular por unos pasillos que desembocan en una jaula (de la que las abejas pequeñas pueden salir), y así el apicultor sólo tendrá que retirarla con el insecto dentro.

EL UTILLAJE NECESARIO DEL APICULTOR

Debemos distinguir dos tipos de útiles: los que necesitamos para trabajar en el colmenar, en contacto con las abejas, y el que utilizaremos para la extracción de la miel, la recolección de los demás productos y su conservación.

Indumentaria

Muchos apicultores afrontan su trabajo en el colmenar con pocos escrúpulos, dado que con el tiempo han desarrollado cierta hiposensibilización al veneno de las abejas; otros, por el contrario, se ven obligados a protegerse

COLMENAS DE «PANAL CALIENTE» Y COLMENAS DE «PANAL FRÍO»

Si los panales están dispuestos en paralelo a la entrada de la colmena, se dice que la colmena es de panal caliente; si, por el contrario, están dispuestos perpendicularmente a la entrada de la colmena, se dice que son de panal frío. En la actualidad, se utilizan mayoritariamente las colmenas de panal frío.

Un apicultor con el tradicional mono protector introduce un nuevo elemento en la colmena. (Fotografía de Gissey/Cogis)

meticulosamente porque han desarrollado una fuerte hipersensibilización al veneno. Tanto en uno como en otro supuesto, es preciso equiparse con una máscara y guantes para poder protegerse en caso de necesidad.

Hay varios tipos de protecciones, desde las más comunes en forma de camisón, con capucha fijada al cuello y que se abre con una cremallera, a las que cubren sólo la cabeza y exigen el uso de un mono para el resto del cuerpo, o las que cubren todo el cuerpo desde la cabeza a los pies. El requisito más importante es que la redecilla que permite ver y respirar sea de una malla resistente, de color oscuro y opaco para no reflejar la luz y molestar la visión. Hay que tener en cuenta que la agresividad de las abejas aumenta frente a tonos oscuros; por ello, el monocamisón (o la indumentaria utilizada) debe ser de color claro, preferiblemente blanco-nata o amarillo.

La experiencia nos enseña que las abejas dirigen sus ataques más virulentos contra cuerpos en movimiento, así que se recomienda que las manos y los antebrazos, que se introducen continuamente en la colmena, gocen de una mayor protección. La indumentaria más apropiada la proporcionan unos guantes especiales de manguito que, además de proteger las manos, cubren todo el brazo hasta el codo, al que se sujetan con una goma.

Una vez bien equipado, el apicultor inicia el trabajo en el enjambre. Para ello, necesita tres herramientas fundamentales:

— ahumador;
— espátula o paleta;
— cepillo.

Ahumador

Se trata de un instrumento que produce humo a través de un cilindro metálico llamado *fogón* que se alimenta con un fuelle accionado con una mano. El humo se dirige, a través de un pico más o menos largo según los modelos, hacia donde necesita el apicultor mientras trabaja con su colonia. El humo vuelve más dóciles a las abejas y las desorienta (siempre que sea en cantidades moderadas, pues de otro modo las irrita aún más); durante unos minutos, su actitud

Colocados en el techo de una colmena, tres instrumentos útiles para la actividad de un apicultor: un ahumador, una palanca y una espátula

será menos agresiva hacia el apicultor. Es muy importante elegir el material que vamos a quemar en el fogón para producir el humo. Muchos apicultores tratan de inventar complicados artilugios para crear un humo menos desagradable para las abejas. Es una tarea completamente inútil: para las abejas, cualquier humo es igual de molesto, puesto que lo único que cuenta es que la «ración» sea sólo la indispensable. Una ración antes de empezar la visita, en cuanto se levanta el cobertor, mantendrá tranquilas a las abejas durante unos segundos. Mientras trabajamos, las ahumaremos siempre que se muestren amenazantes desde la parte superior del panal, para así empujarlas hacia el fondo de la colmena. Por lo que respecta al combustible ideal, hay que señalar que existen en el mercado retales o bolitas de yute de gran eficacia. El cartón es otro material muy práctico, aunque se consume rápidamente. Algunos viejos apicultores utilizan trozos de corteza de árboles, hojas secas y otros materiales «naturales» considerados más próximos a la vida de las abejas. Aunque respetamos la tradición, no hay

El ahumador, utilizado con moderación, es un instrumento muy útil porque hace que las abejas se muestren más dóciles y tranquilas. (Fotografía de Lanceau/Cogis)

material que, cuando prende, sea del gusto de los insectos.

Espátula o paleta

Es un utensilio de hierro, de hoja variable según las marcas pero que coinciden en su aspecto esencial: un extremo plano y afilado que sirve para rascar la cera y los propóleos de la madera de los panales y levantar la tapa cubrepanales; una parte central que sirve de empuñadura, y un extremo retorcido que nos permite levantar los cuadros de separación de la colmena y que además cumple una oportuna función de palanca. Este instrumento es indispensable y su uso será continuo durante toda la visita.

Cepillo

Se utiliza para alejar a las abejas cuando se pretende retirar un panal de la colmena. Suele emplearse humedecido, con objeto de irritar menos a las abejas y de desprender los restos de miel que se le adhieren durante nuestras operaciones. Durante cierta época (aunque todavía hay viejos apicultores que las usan), se utilizaban plumas de oca, resistentes y a la vez manejables.

Para la extracción de la miel, así como para su recolección y conservación, son indispensables los siguientes instrumentos:

— banco para desopercular;
— utensilios para desopercular;
— extractor;

Cuando se intenta transferir panales con nidada de una colmena a otra pero dejando las abejas, la espátula es un instrumento indispensable

Desoperculación de los panales

El cuchillo (arriba) *es un instrumento indispensable para la desoperculación. (Fotografía de Remy/Cogis)*

También puede utilizarse para desopercular el tenedor, según prefiera el apicultor

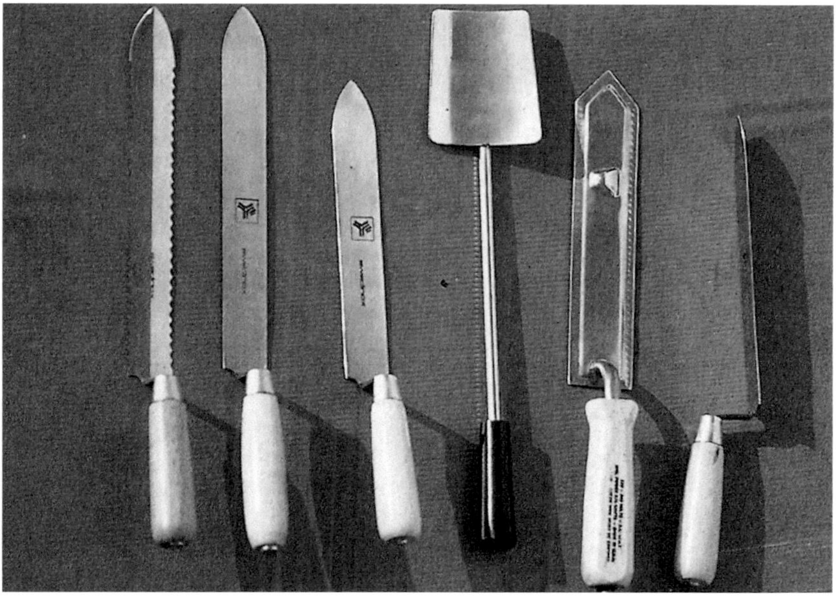

Diferentes tipos de cuchillos que se suelen utilizar para desopercular. (Fotografía de Lega, Faenza)

— maduradores;
— filtros;
— prensa de cera.

Banco para desopercular

Para poder centrifugar los panales y extraer de ellos la miel que contienen, debemos retirar antes la cera del opérculo que sella la celda. Esta operación se puede realizar de manera práctica y racional sobre un banco para desopercular: se trata de un banco de depósito con un grifo al fondo y una rejilla filtrante que retiene la cera, dejando resbalar la miel. En el borde del banco hay un «atril» inclinado y firme sobre el que se apoya el panal que debe ser desoperculado.

Utensilios para desopercular

Para realizar la operación de desopercular, nos valdremos de dos instrumentos: el tenedor y el cuchillo.

El tenedor tiene dientes de acero, y se utiliza para abrir las celdas con un movimiento rápido del pulgar.

El cuchillo, por el contrario, puede ser de dos clases: un cuchillo dentado y muy afilado que se pasa sobre el panal, rasurando el cuadro de madera y eliminando los materiales sobrantes, incluida la operculación; o bien una hoja que opone una resistencia eléctrica y que, de este modo, se calienta y hace el trabajo más rápido.

Extractor

Es una centrifugadora que permite extraer la miel de los panales desoperculándolos sin alterar su estructura y en un tiempo muy breve. Estas centrifugadoras pueden ser manuales, con una manivela que hace girar los panales, o bien provistas de un motor, con el obvio ahorro de tiempo y esfuerzo. Está formada por un cilindro que tiene un perno en el que se inserta una rejilla sobre la cual se fijarán los panales que vamos a desopercular. El número de panales varía en función del tamaño del extractor.

Dos imágenes del extractor de miel radial: en la inferior se aprecian los panales insertados, cuyo número variará según el tamaño del extractor

EXTRACTORES TANGENCIALES Y RADIALES

Hay dos tipos de extractores: el tangencial, en el que se instalan los panales en la cuerda de la sección circular del cuerpo; y el radial, en el que se colocan como si fueran los radios de una bicicleta. En el primer caso, los panales sólo se vacían por una parte y deben ser centrifugados dos veces; en el segundo caso, ambos lados se vacían a la vez.

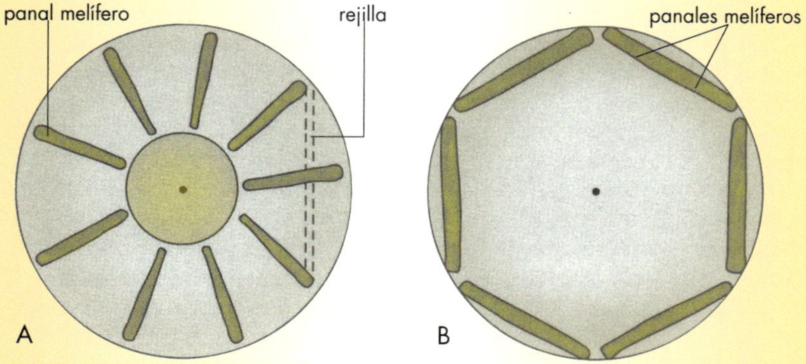

A. Extractor radial de nueve panales melíferos (con rejillas especiales, se puede extraer la miel de 3 nidos de manera tangencial)
B. Extractor tangencial de 6 panales de nido o 12 de media alza

Maduradores

Una vez que ha sido extraída convenientemente la miel, el producto se conserva durante cierto tiempo, que puede variar según el tipo de miel, en los maduradores.

Se trata de unos cilindros de acero que contienen un grifo en la parte inferior por el que brota la miel.

En el madurador, se purifica la miel de las últimas partículas de cera y de la parte más húmeda y ligera, que flota formando una especie de espumilla blanca que se retira del producto final, pero que será reciclada como alimento para las abejas.

Filtrado de la miel

Filtros

En el tránsito del extractor al madurador, se filtra la miel. Los filtros son de diversas clases y de rejillas más o menos espesas. Cuanto más espesa sea la malla de la rejilla, menor es el peligro de producir «espuma» en el madurador. Los filtros más comunes son de acero inoxidable, de tela o bien tejido en forma de bolsa, de donde le viene el nombre de «filtro de bolsa». Estos son los que suelen utilizar los grandes productores, ya que eliminan incluso las partículas más pequeñas.

Prensa de cera

Es un utensilio útil, aunque no indispensable. Se emplea para prensar la cera de la operculación y extraer toda la miel que permanece adherida a ella.

Prensa de cera. (Fotografía de Lega, Faenza)

Otros utensilios prácticos

Hablando de la colmena, hemos visto utensilios como el salvaabejas, la trampa de polen y la rejilla recogepropóleos. Otros complementos útiles son las «cajas portapanales», o sea, cajas del tamaño de uno o dos panales melíferos que se utilizan para transportarlos y conservarlos. Para apicultores con varias colmenas, hay «sopladores» (ventiladores de aire comprimido) que emiten un chorro de aire sobre el panal y ahuyenta las abejas. Para usar el soplador de manera racional se necesitan al menos dos personas (mejor aún si son tres). El soplador lo utilizan todos los profesionales.

Complementos particulares

Ciertos complementos pueden servir para realizar operaciones específicas, como puede ser la producción de jalea real o la cría de reinas:

— cajones: son colmenas divididas en tres partes, las dos laterales tienen un tamaño normal y la central contiene un número menor (la mitad) de panales respecto a las otras; las secciones están comunicadas entre sí por rejillas excluidoras de reinas;
— varillas portacapullos: son pequeños cuadros provistos de varillas de madera, sobre las que se insertan las celdas reales;
— capullos: simulacros de celdas reales de plástico o cera en las

que el apicultor inserta las larvas que, después, las abejas criarán con jalea real;

— *pickin:* es un hierro curvado con un extremo en punta y con otro en forma de espátula, que sirve para retirar las larvas del panal e insertarlas en el capullo;

— colmenillas de fecundación: son pequeñas colonias de abejas donde se introduce la celda real que está a punto de opercular, a la espera del nacimiento;

— aspirador de jalea real: se trata de un pequeño aspirador que succiona la jalea real de las celdas.

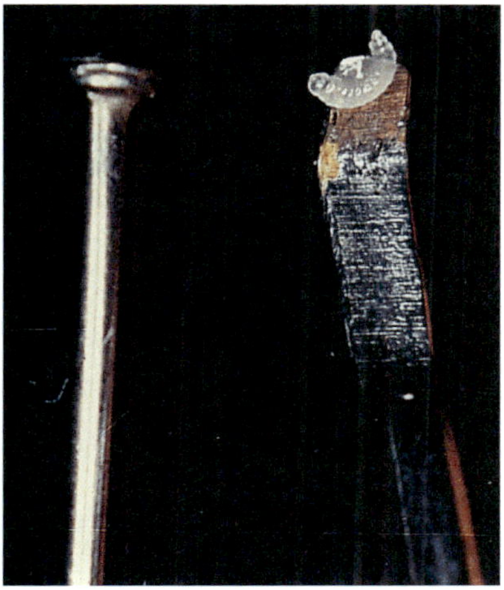

Para transferir las larvas a los capullos reales con el fin de obtener reinas o jalea real, resulta indispensable el cogelarvas o pickin

DESARROLLO Y ORGANIZACIÓN DE LAS COLMENAS

Hemos visto que el enjambre, entendido como colonia de abejas alojada en una colmena racional, tiene su propio desarrollo natural.

Un panal que, en la primera visita de la primavera, presenta una buena nidada denota un excelente estado de salud, con un crecimiento óptimo de la colonia

Panal de cámara de cría

Es tarea del apicultor supervisar este desarrollo y, en caso de necesidad, modificarlo para favorecer una producción mayor tanto de miel como de los demás productos.

El número y la clase de visitas que se deben hacer al colmenar varían en función de la situación climática, las posibilidades de recolección, la evolución de las estaciones y la fuerza inicial de la colonia: variables que, combinadas entre sí, pueden provocar un elevado número de situaciones diferentes, teniendo en cuenta que en los últimos 10 años se han descrito graves problemas debido a enfermedades y enemigos de las abejas.

La estación apicultora se inicia con el final del invierno que, según las zonas, puede coincidir con el fin del mes de febrero o con el de marzo. Es muy importante realizar la primera visita de primavera lo antes posible, para recoger todas las indicaciones que los enjambres pueden darnos, con objeto de evaluar correctamente el estado de las colonias así como sus posibilidades de desarrollo.

Durante la primera visita, que debe realizarse en las horas más cálidas del día y con una temperatura nunca inferior a los 15-16 °C, debemos actuar con rapidez y conformarnos con efectuar una observación general para evitar que la colonia sufra un golpe de frío que podría perjudicar a la reina, a la nidada y a las propias abejas. Esta «ojeada» puede bastarnos para facilitarnos las indicaciones que buscamos:

— fuerza de la colonia, que se deduce del número de panales ocupados por las abejas;
— cantidad de reservas todavía disponibles, deducibles de la cantidad de miel presente en los bordes de los panales;
— eficacia de la reina, en función de la observación de al menos un panal de la nidada.

Estas tres indicaciones generales nos sugerirán las operaciones que debemos emprender, así como el tiempo que deberá demorarse una segunda visita. Para simplificar, pondremos algunos ejemplos de situaciones clásicas.

Situación óptima

En la primera visita, una colonia prometedora presentará un número de abejas suficiente para cubrir, en las horas más cálidas y activas, de 7 a 9 panales (que serán los que normalmente hayamos dejado antes de la hibernación). Sin embargo, los panales ocupados presentarán diferencias: los dos o tres centrales tendrán nidada y reservas de comida (véase la figura inferior), mientras que los otros, más externos, podrán estar semivacíos, con algo de alimento y con las abejas que los están preparando para recibir a la nidada, o bien con el alimento no

PANAL DE CÁMARA DE CRÍA: DISPOSICIÓN IDEAL DE LA NIDADA Y LAS RESERVAS DE COMIDA

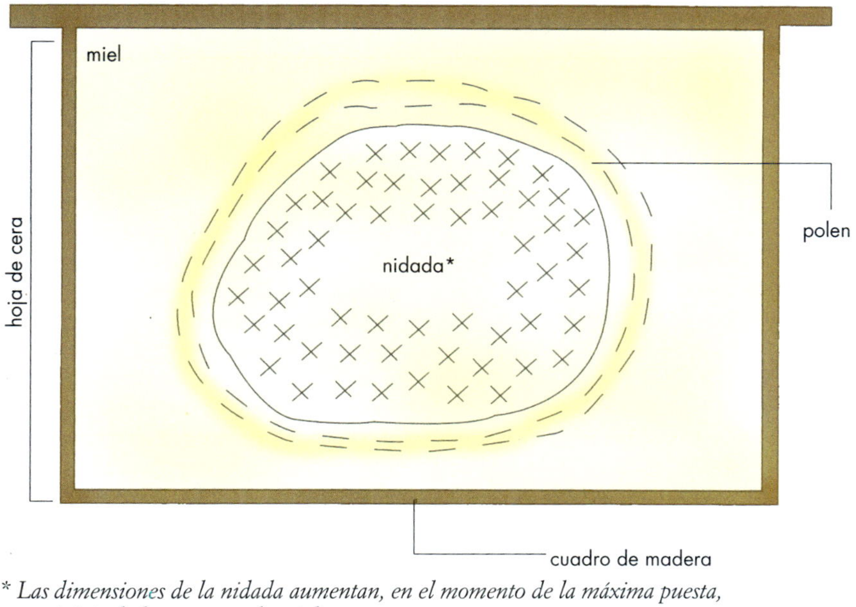

** Las dimensiones de la nidada aumentan, en el momento de la máxima puesta, en perjuicio de las reservas de miel*

consumido durante el invierno. Es importante que las abejas trabajen en todos los panales, y que estos no presenten los típicos signos de abandono: moho, excrecencias céreas, miel parcialmente desoperculada o fermentada.

La reina de una colonia como la que aquí hemos descrito se mostrará activa, ovará bien y se moverá en los panales que todavía no tienen nidada poniendo huevos rosados, mientras que las obreras se dedicarán a la limpieza y las recolectoras regresarán a la colmena cargadas de polen. Llenarán los espacios vacíos de los diafragmas, que se habrán de limpiar, y se preservarán de las zonas que estén húmedas y mohosas.

La decisión de ampliar la colmena, quitando diafragmas e insertando nuevos panales, dependerá del clima y de las posibilidades de recolección. Al comienzo de la estación, resulta más conveniente no colocar nunca más de un nuevo panal, y habrá que ubicarlo a un lado de los ya ocupados, para no alterar el equilibrio interno de estos, que dependerá de varios factores interdependientes: número de abejas, capacidad de la reina para ovar, cantidad de alimento, número de huevos en la nidada ya puesta, clima, posibilidad de recolección.

Una colonia que cumpla con estas características le permitirá al apicultor un menor número de visitas y garantizará un desarrollo rápido y altamente positivo.

Situación intermedia

Si el otoño anterior el apicultor ha preparado para la hibernación sus panales con cuidado y pericia, probablemente se encontrará frente a una situación intermedia entre el estado óptimo y el crítico. Las colonias ocuparán aproximadamente unos seis panales y, con controles semanales, se desarrollarán correctamente gracias a la regular puesta de huevos de la reina; bastará con administrar algún suplemento alimenticio e insertar en cada visita un nuevo panal. La alimentación habrá que dosificarla con cuidado: no hay que pasarse, porque eso provocaría un exceso de alimento en la cámara de cría, con la consecuente reducción del espacio necesario para la nidada; además, una cantidad excesiva (sobre todo si es líquida, cuyo efecto sería parecido al del néctar) predispondría la colonia a la enjambrazón.

Situación de emergencia

Si en la primera visita observamos una colonia que apenas ocupa cuatro panales, con escaso alimento y poca nidada, tendremos que analizar si se debe a la falta de reina o a otros factores, como la eventual muerte de abejas debida a un invierno muy duro o a la carencia de alimento. Si la reina está perfectamente, habrá que realizar una intervención de mantenimiento: reduciremos el número de panales (dejaremos sólo los que puedan ocupar las abejas), y elegiremos los que alojen la nidada; luego, los colocaremos en el centro de la colmena, entre dos diafragmas. Así, la superficie que las abejas tendrán que organizar y calentar será menor, con lo que se reducirá su estrés. A continuación habrá que ayudar a que la reina ove más activamente, proporcionándole una buena cantidad de alimento artificial: resulta preferible el alimento comprado al elaborado en casa mezclando azúcar de lustre (70 %) y miel (30 %), porque si la miel proviniera de panales enfermos podría transmitir las enfermedades más habituales de las abejas (que normalmente no causan ningún efecto en el hombre). Como alternativa, se podría utilizar también un almíbar hecho con azúcar. La diferencia entre una alimentación líquida y una sólida está en que la primera es bastante más estimulante para el desarrollo, pero es más difícil de digerir en una estación todavía fría, mientras que la segunda resulta más digestiva.

Un panal en situación crítica puede obligarnos a realizar controles más frecuentes, pero si la reina está en buenas condiciones se repondrá gradualmente y, a medida que la nueva nidada eclosione, la colonia necesitará expandirse a nuevos panales, que se colocarán siguiendo siempre la técnica de añadir uno cada vez, y de ponerlo junto a los ya existentes.

Si, por el contrario, la reina está débil, vieja o enferma, el panal no se recuperará y se acabará extinguiendo, a no ser que el apicultor intervenga uniendo dos panales débiles y eliminando la reina que esté en peores condiciones. Pero esto no garantizará la recuperación: la colonia podría caer en una situación desesperada, que se analizará a continuación.

Situación desesperada

Unas veces debido a los malos cuidados del apicultor y otras veces por un cúmulo de fatalidades (invierno frío y húmedo, alimento insuficiente o deteriorado, mal estado de la reina, etc.), algunos panales pueden llegar al final del invierno a una situación desesperada. Un caso típico es el de las colonias huérfanas (esto es, sin reina): la única solución será juntarlas con otra colonia o introducir una nueva reina, si esto es posible y el número de abejas en el panal es suficiente.

Otro caso bastante común es el de la colonia diezmada por falta de alimento o porque este ha fermentado (en este caso, se encontrarán las abejas muertas unidas a los panales vacíos o con miel enmohecida y con olor a fermentado). Otra situación típica es aquella en la que la colonia presenta una reina que pone sólo huevos de zánganos. La solución es siempre la misma: la fusión con otras colonias débiles, eligiendo los mejores panales y la reina en mejores condiciones. Sería un grave error unir una familia fuerte con una débil, porque esta podría ser portadora de una de las muchas enfermedades con efectos perjudiciales para las abejas sanas.

Otro consejo importante es que hay que tener siempre bajo estrecha vigilancia a las familias que han superado mal la hibernación, pues van a ser ellas las que nos causen más problemas durante toda la estación. De hecho, si una colonia muestra carencias al inicio, tenderá a ser problemática durante todo el año.

LAS PRIMERAS VISITAS EN PRIMAVERA

Las primeras visitas primaverales, por todo lo dicho, nos deben informar de las condiciones generales de cada colmena, así como del colmenar en su conjunto. Nuestra tarea consiste en ayudar a las familias con dificultades y tratar de que todas las colmenas crezcan en número para llegar al periodo de recolección en las mejores condiciones posibles. Desde este punto de vista, podemos (y puede ser incluso una buena costumbre) proceder a la «igualación», es decir, a intercambiar algunos panales entre las colonias (tras comprobar que todas gozan de buena salud). Por ejemplo: si la colonia A tiene muchos panales de cría y pocas reservas, mientras que la colonia B dispone de muchas reservas y poca nidada, extraeremos un panal de cría de A y lo introduciremos, ahuyentando primero a las abejas, en B; y a la inversa, la colonia B cederá a A un

CÓMO SE REALIZA UNA VISITA PRIMAVERAL

Los pasos para organizar una visita provechosa son los siguientes:

— prepararemos el ahumador para disponer de abundante humo, espeso y blanco;
— nos situaremos detrás de la colmena (nunca de frente), o de lado si el espacio trasero fuera escaso;
— trataremos de no dar golpes ni sacudidas a la colmena, y con la paleta alzaremos la tapa cubrepanales;
— con un movimiento rápido, pero no brusco, empujaremos a las abejas hacia abajo con un poco de humo en el momento en que retiremos la tapa cubrepanales, apoyándola en el suelo contra la colmena y procurando que la parte con las abejas esté a cubierto de las paredes de la colmena;
— lentamente, pero a buen ritmo, examinaremos los panales después de retirar el diafragma;
— estudiaremos los panales de manera que averigüemos lo que nos interesa, sin exponerlos demasiado al frío;
— sacaremos los panales con ayuda de los separadores, pero sin girarlos y evitando hacerlo de manera consecutiva;
— antes de volver a colocar el cubrepanales, aplicaremos un poco de humo para no aplastar a las abejas contra el borde.

CÓMO CLASIFICAR EL ESTADO DE UNA COLMENA AL FINALIZAR EL INVIERNO

Esquematizamos aquí la situación de una colmena en la primera visita de la primavera (efectuada al final del invierno), en regiones geoclimáticas diversas:

— zona costera;
— llanura;
— montaña.

Para cada una se señala el número de panales ocupados por las abejas.

	ZONA COSTERA	LLANURA	MONTAÑA
SITUACIÓN ÓPTIMA/ BUENA	8 panales 7 panales	6-7 panales 5-6 panales	5-6 panales 4-5 panales
SITUACIÓN SUFICIENTE (INTERMEDIA)	6 panales	5 panales	4 panales
SITUACIÓN INSUFICIENTE (DE EMERGENCIA)	4 panales	3-4 panales	3 panales
SITUACIÓN DESESPERADA	menos de 3 panales	menos de 3 panales	menos de 3 panales

La tabla muestra cómo las diferencias climáticas influyen en el desarrollo inicial de la colmena.

panal de reservas. Con este sistema, obtendremos beneficios evidentes para ambas colonias.

Durante las primeras visitas de primavera, debemos contribuir a fortalecer las colmenas para afrontar la estación cálida, la de enjambrazón y recolección, con las máximas garantías.

EL PERIODO DE ENJAMBRAZÓN: NATURAL Y ARTIFICIAL

El tema de la enjambrazón resulta de gran importancia, no sólo porque este fenómeno biológico es la base para la perpetuación de la especie, sino también porque puede ocasionar graves daños a la apicultura, al ver descender considerablemente la capacidad productiva de sus colmenas.

Al hablar de enjambrazón, debemos distinguir entre la enjambrazón *natural*, que significa problemas, y la *artificial*, que significa soluciones. Vamos a tratar de aclarar este punto. Una colonia de gran fuerza tiende, de manera natural, a la enjambrazón cuando alcanza cierto número de individuos y, además, las condiciones climáticas son favorables. Contener la tendencia a enjambrar de las abejas de nuestro colmenar será entonces un imperativo para quien desee una buena cosecha de miel. El problema consiste en evitar la escisión que comporta el abandono de la colmena por parte

Dos enjambrazones constituidas en las ramas de árboles jóvenes: la forma que adoptan varía según el lugar donde se establecen al salir de la colmena

de la reina adulta, arrastrando consigo al 40 % de las abejas adultas.

Lo primero que hay que hacer es prevenir la situación que desemboca en la enjambrazón natural y que se detecta por algunos indicadores:

— familia muy poblada;
— falta de espacio en la cámara de cría, donde todos los panales están completos, hay abundantes reservas de néctar y la nidada también es cuantiosa;
— presencia excesiva de zánganos;
— edad avanzada de la reina (aunque hoy en día, gracias a los continuos progresos de la apicultura, alcanzan un desarrollo tal que incluso las reinas jóvenes enjambran a menudo);
— presencia de capullos reales;
— panales viejos con construcciones irregulares;
— cepas específicas de abejas enjambradoras (en este caso, el apicultor debe conocer el tipo de abejas con que trabaja).

Ante estas señales, debe procederse de manera que se reduzca la posibilidad de una enjambrazón:

— igualación de una familia fuerte con una débil, intercambiando algunos panales;
— colocación de la media alza para abrir espacios;
— eliminación de la nidada de zánganos y panales viejos;
— eliminación periódica, cada cuatro o seis días, de todos los capullos reales.

Estas operaciones exigen mucho tiempo y no garantizan que nuestras abejas no enjambren finalmente; aun así, ofrecen al apicultor la posibilidad de controlar su evolución.

Seguramente, es inevitable la enjambrazón si percibimos las intenciones de las abejas cuando ya es demasiado tarde, es decir, cuando la colonia ya posee diversas celdas reales operculadas o próximas a hacerlo. En este caso, su eliminación no frenará a las abejas, que con toda certeza enjambrarán, aunque sea más tarde. Una de las posibles soluciones pasa entonces por dejar al menos dos de las mejores celdas y retirar a la reina. Esto también nos traerá problemas, puesto que interrumpirá la puesta durante unas semanas (el tiempo necesario para que la nueva reina nazca y empiece a poner huevos), si bien nos permitirá sustituir a la reina sin reducir por ello la población de recolectoras. Esta técnica, conocida como *interrupción de la nidada*, es ideal si se lleva a cabo pocos días antes de la recolección, ya que permite a las abejas trabajar como recolectoras al carecer de tareas nodrizas. Así reza el dicho: «Reina joven, gran cosecha».

Pero la interrupción de la nidada tiene inconvenientes:

— la nueva reina, al no estar la estación muy avanzada, podría no conseguir alzar el vuelo

Si el apicultor no recupera la enjambrazón natural en el plazo de un par de días desde la separación de la colmena madre, las abejas comienzan a construir sus panales en un lugar resguardado: por ejemplo, el interior de un barril o en la grieta de una roca

Celdas reales

Preparación de la enjambrazón

CONSTITUCIÓN DE UN ENJAMBRE ARTIFICIAL ANTES DE LA FLORACIÓN DE LA ACACIA

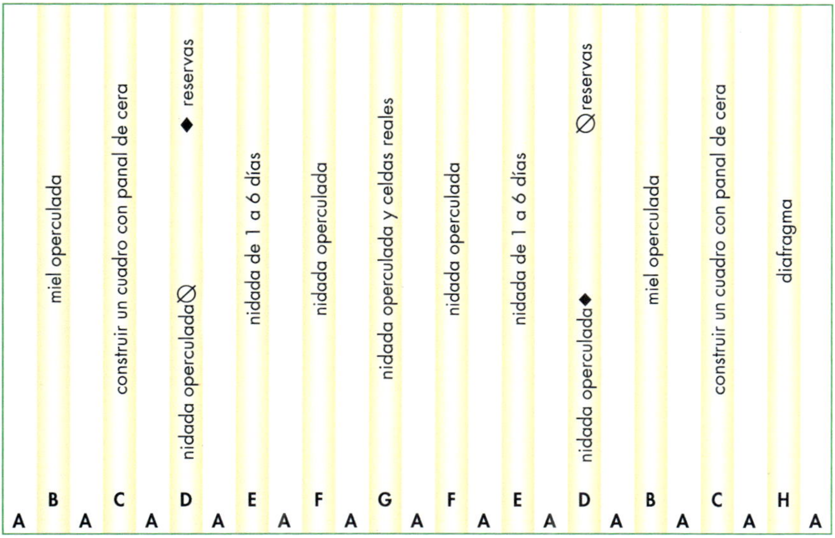

A. espacio para las abejas
B. panales con reservas alimenticias
C. panales de nueva construcción
D. panales con nidada operculada
E. panales con nidada recién puesta y nidada no opercualda
F. panales con nidada operculada próxima al nacimiento
G. panal con nidada y celdas reales (mínimo 3) de diversas edades
H. diafragma

nupcial, y entonces únicamente criaría zánganos;

— podrían nacer más reinas, con la enjambrazón consiguiente, que en la primera eclosión;

— el inicio de la puesta de la nueva reina puede retrasarse, perjudicando las posibles cosechas posteriores a la primera;

— podríamos vernos obligados a eliminar una reina eficiente para encontrarnos después con una menos fértil.

Por todas estas razones, y también para que el trabajo resulte más práctico y rápido (la interrupción de la nidada exige controles muy frecuentes), se recurre a la enjambrazón artificial. Consiste en fundar nuevas colonias, partiendo de las colonias fuertes que necesitan ser empobrecidas.

El periodo idóneo para realizar la enjambrazón artificial se adelanta al menos una semana al inicio de la enjambrazón natural, dependiendo de la zona en la que se halla instalado el colmenar (clima y recursos alimentarios). Se puede proceder a la constitución de enjambres artificiales de diversas maneras:

— dividiendo en dos una familia y dotando de una reina, que hemos comprado o preparado previamente, a la mitad que queda huérfana;

— retirando los panales sobrantes de más de una familia con las abejas residentes y provocando una fusión (ya sea trasladando las celdas reales, ya sea dotando a la nueva familia de una reina, como en el caso anterior);

— retirando de una familia fuerte una porción de población, nidada y reservas, para inducir así la enjambrazón y crear un pequeño núcleo (tres panales) que prosperará por sí mismo y que, al año siguiente, estará preparado para producir.

Con estas técnicas, podemos crear tanto colonias capaces de producir como colonias que crezcan sin recolectar, pero que, en la estación siguiente, estarán preparadas para hacerlo, según las necesidades del apicultor.

Las mejores condiciones son, en nuestra opinión, las que permiten que una colonia esté preparada para producir ya durante el primer

LA ENJAMBRAZÓN ARTIFICIAL CON CELDAS REALES

Si fundamos un enjambre artificial y lo hemos dotado de una celda real de inminente eclosión, debemos evitar que las abejas construyan nuevas celdas reales utilizando la nidada reciente que tienen a su disposición. Para ello, eliminaremos las celdas nuevas que, de otro modo, provocarían una nueva enjambrazón.

Enjambrazón artificial

Secuencia en la que se puede apreciar cómo se inserta una abeja reina en una colmena que ha quedado huérfana: una vez marcada, la abeja reina se introduce en la jaulilla portarreinas, que a su vez se coloca en la colmena huérfana

ELECCIÓN DE LAS CELDAS PARA UNA ENJAMBRAZÓN ARTIFICIAL

Es muy importante saber elegir las celdas reales para la fundación de un nuevo enjambre artificial. Existen dos tipos de celdas: las construidas antes de la puesta del huevo y las construidas después de la puesta (véase la figura inferior).

En el primer caso, las abejas construyen antes un capullo espacioso en el que la reina pone el huevo que, a continuación, alimentan con jalea real y que crece en una celda grande, lo cual permite que la reina se desarrolle mejor. Estos capullos se construyen siempre en los bordes de la nidada y del cuadro donde la deformación de la cera resulte más fácil.

Las celdas que, por el contrario, se crean después de la puesta del huevo son más pequeñas y se instalan en el centro de la otra nidada. En estas condiciones, ocurre que las jóvenes reinas no tienen espacio suficiente para desarrollarse y nacen pequeñas y débiles. Por ello, es preferible elegir celdas reales del primer tipo.

DISPOSICIÓN DE LAS CELDAS REALES

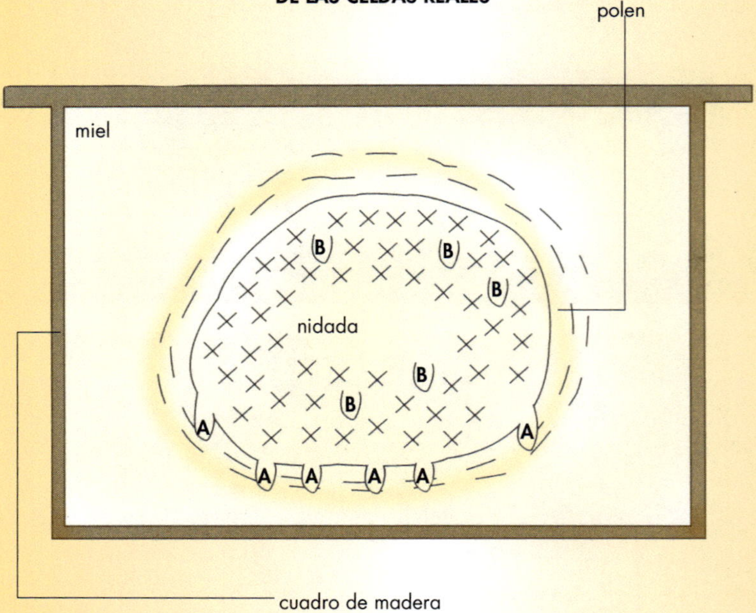

A. celdas construidas antes de la puesta del huevo
B. celdas construidas después de la puesta del huevo

Celda real construida al quedar huérfana la colonia: la reina que nacerá podría también resultar parcialmente ineficaz

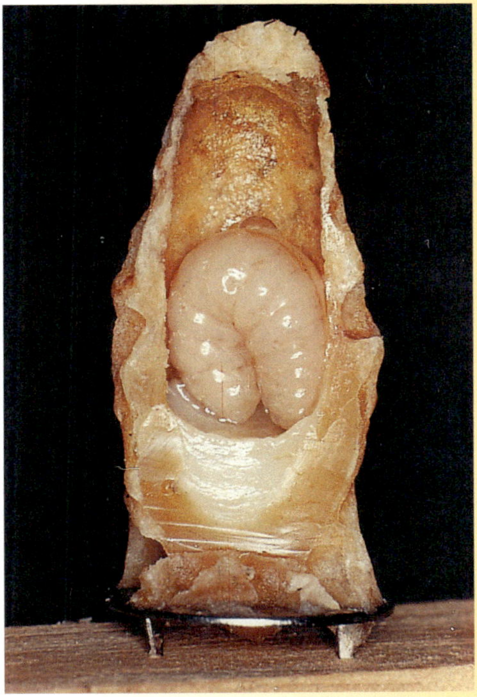

Sección de una hermosa celda real operculada que muestra la futura reina

año. Podemos conseguirlo actuando según se indica en la figura de la página 75 y, en caso necesario, proporcionando alimentación complementaria durante los primeros días tras la fundación de la nueva colmena. Si, además, queremos abreviar el proceso, podemos introducir en la colmena una nueva reina, que habremos comprado o preparado con anterioridad, en lugar de dejar que el enjambre artificial espere a que nazca su reina de las celdas reales que hemos dispuesto en su interior.

LA CAPTURA DE LOS ENJAMBRES NATURALES

A menudo sucede que los enjambres naturales, en un primer momento, no se alejan demasiado de la colmena de origen y se posan en los árboles u otros refugios. De este modo, el apicultor puede capturarlos, directamente con una colmena normal, o con una colmenita portanúcleo que, en realidad, es una pequeña colmena con una capacidad para cuatro o seis panales. Para lograr que el enjambre penetre en su nueva morada, podemos utilizar diversas técnicas, según el lugar en que se encuentre. Si está en una posición cómoda y se puede colocar debajo el portanúcleo, el

Entre las distintas formas de capturar una enjambrazón, hay algunas especialmente virtuosas y acrobáticas

Para acabar, sólo nos queda ver cómo hay que realizar la unión de varios panales con abejas procedentes de colonias diversas. Uno de los métodos más utilizados es el de enharinar todas las abejas antes de introducir los panales en la nueva colmena: de esta manera, las abejas se ven obligadas a averiguar lo que está ocurriendo y, antes de que reaccionen, habrán obtenido un olor común que evitará luchas entre las abejas de cepas diferentes. Otro método con iguales resultados consiste en rociar las abejas con un poco de agua y azúcar, o agua y miel.

Sin embargo, la fusión se produce normalmente sin tener que realizar grandes esfuerzos. Es importante controlar, transcurridos dos o tres días, que las celdas reales que hayan sido operculadas no sean destruidas. Si, por el contrario, optamos por introducir una nueva reina, hay que asegurarse de que es bien aceptada. Para facilitar el proceso de aceptación, podemos introducirla en la colmena dentro de una jaula durante un par de días antes de dejarla en libertad dentro de su nueva casa; de este modo, lograremos que despida el mismo olor y las abejas reconocerán como propia a la nueva reina.

Colmenita portanúcleo. (Fotografía de Lega, Faenza)

juego es simple: con la ayuda del ahumador, haremos descender a las abejas hasta entrar en los panales. Si la posición es, por el contrario, incómoda, podemos esperar a que el enjambre se arracime (a última hora de la tarde o primera de la mañana) y, con un sacudidor, lo introduciremos en el portanúcleo. Algunos apicultores prevenidos, entre los que se encuentra mi primer maestro, colocaban frente al colmenar algunas colmenas vacías, de manera que el enjambre se instalara de forma espontánea en su interior.

EL PERIODO DE RECOLECCIÓN

El periodo de las grandes recolecciones de primavera, que se produce de manera simultánea a la floración de la acacia, coincide con el final del enjambrado natural. Aun así, puede ocurrir que el apicultor, al tratar de detener el enjambrado destruyendo las celdas reales, haya logrado únicamente

Apicultores trabajando durante la recolección. (Fotografía de Lega, Faenza)

aplazarla, provocando así la escisión de enjambres incluso durante y después de la recolección.

Normalmente, al principio de la recolección todas o casi todas nuestras colmenas se concentran en la floración. Si antes de la floración de la acacia nuestra zona ha ofrecido cosechas satisfactorias de, por ejemplo, diente de león o de floraciones mixtas, a estas alturas muchas colonias ya habrán llenado y operculado la primera alza. En este caso, extraeremos la miel y realizaremos la recolección de acacia de la manera más «limpia» posible, separándola de otras mieles que la oscurecerían. Si, por el contrario, antes de las grandes recolecciones no hemos logrado proporcionar a nuestras abejas el alza necesaria, trataremos de hacerlo ahora.

El maestro enseña al alumno cómo se efectúa la recolección de los panales de miel. (Fotografía de Lega, Faenza)

La media alza contiene un número de cuadros menor al de la cámara de cría, por lo que las abejas construirán celdas más largas y de desoperculación más sencilla. Instalaremos el excluidor de reinas entre el nido y el alza, con objeto de evitar la puesta de huevos donde sólo deba haber miel. Si instalamos el alza en una colmena poblada por una colonia fuerte, veremos cómo las abejas «asaltan el alza», es decir, apurarán los panales existentes, construirán otros nuevos y prepararán la recolección en pocos días. Cuando las flores empiezan a producir néctar en abundancia, y siempre que el tiempo sea propicio, se necesitan de tres a seis días para llenar todos los panales. Cuando la primera alza está a punto de llenarse, y si todavía no ha cesado la floración, instalaremos una nueva alza: esta debe colocarse entre la cámara de cría y el alza anterior, para facilitar a las abejas la tarea de almacenamiento. Si la suerte nos sonríe, aún podremos añadir a estas una tercera y una cuarta alza, dejando en todos los casos un espacio libre entre la cámara de cría y las alzas llenas. La recolección puede darse por acabada sólo cuando las abejas han operculado las celdas. Durante el periodo de recolección, las visitas deben limitarse a la comprobación de la

Colmenas en un colmenar cubierto durante el invierno

necesidad (o no) de una nueva alza. Los controles de mayor profundidad, destinados a constatar las condiciones de la reina, el estado de la nidada o la necesidad de sustituir un panal, se realizarán entre una y otra cosecha. De hecho, incluso quienes practican la apicultura movilista sufren tiempos «muertos» entre una y otra cosecha, en las cuales podemos efectuar las visitas de control.

Las estaciones de recolección varían según las zonas, así como su cantidad y calidad. Por regla general, podemos decir que la acacia es la cosecha principal en casi todos los casos, y el apicultor organiza el colmenar basándose en esa floración.

También hay otras cosechas importantes, desde el punto de vista cualitativo y cuantitativo, como por ejemplo las que dan todos los tipos de miel monofloral (tilo, castaño, rododendro, cítricos, etc.), que el apicultor debe saber explotar si quiere que su actividad prospere.

La miel multifloral constituye la última producción, en orden cronológico, antes de que finalice el periodo de la recolección.

LA HIBERNACIÓN

La hibernación es la operación final de la estación apicultora, en la cual se preparan las abejas para la estación fría y, en consecuencia, se realizan las últimas visitas. Sin embargo, la hibernación comienza bastante antes y pasa por las operaciones de limpieza, reinserción de los panales y tratamientos que puedan manifestarse hacia finales de agosto tras extraer la última cosecha de miel.

Veamos, por tanto, cuáles son las operaciones que conducen a la hibernación propiamente dicha:

— recolección de las alzas;
— control de las cámaras de cría y reinserción de los panales con la eliminación de los viejos;
— instalación de uno o dos panales nuevos, para permitir a nuestras abejas el almacenamiento de una posible cosecha posterior a la recolección de las alzas;
— tratamiento contra la varroa;
— control del estado de la familia que ha seguido algún tipo de tratamiento;
— instalación de la puerta de gran abertura en el momento en que empiece a bajar la temperatura;
— instalación de la puerta de abertura pequeña y reducción de los nidos con la eliminación de los panales que excedan de ocho o nueve (según la fuerza de la familia);
— instalación de material aislante entre el techo y la tapa cubrepanales, con objeto de reducir la dispersión calórica.

A partir de este momento, y hasta que vuelva la primavera, debemos interrumpir nuestras visitas a las colmenas; aun así, se puede obtener información de su estado mediante el estudio del cajón de fondo que, en los días

Una abeja reina en el panal

cálidos, deberá limpiarse de los detritos acumulados. Esta operación deberá realizarse con celeridad, para evitar un golpe de frío, y únicamente si las abejas están en movimiento, puesto que si forman un racimo significa que la temperatura exterior no es lo bastante templada.

EL DIARIO DEL APICULTOR

Para poder tener una idea real de cómo será el calendario del apicultor en el marco de una estación productiva, debemos primero considerar que el «diario del apicultor» variará según el clima de la región donde se ubique la colmena: en las zonas más cálidas y secas, la actividad suele comenzar unas 2-4 semanas antes que en las llanuras y en las colinas, donde el frío invernal es mayor, e incluso 4-6 semanas antes que en la montaña, donde las bajas temperaturas permanecen aún más tiempo.

Esto nos permite entender por qué muchos apicultores suelen cambiar de lugar las colmenas, haciendo que pasen el invierno en la medida de lo posible en zonas templadas, para luego llevarlas a las colinas o a las montañas solamente durante el periodo de la recolección (las colinas y las montañas son zonas menos cultivadas, y por ello a menudo abundan en ellas plantas ricas en néctar).

Antes de ver con más detalle el diario para cada estación, hay que especificar que el modelo que se va a describir aquí no es hipotético, sino que es real, y se establece según unas condiciones bien definidas. De hecho, el colmenar se sitúa en una llanura a los pies de una zona montañosa, en el Piamonte (Italia), cerca del río Tanaro, en un área que presenta las siguientes características:

— buena disponibilidad de flores al comienzo de la estación (árboles frutales y hierbas de prado, no en cantidad suficiente como para propiciar la recolección, pero óptimos para impulsar el desarrollo de las colmenas);
— discreta disponibilidad de bosques de acacias, que permiten normalmente una buena primera recolección monofloral (floración entre el 6 y el 26 de mayo);
— buena disponibilidad de tilos, que permiten en condiciones normales una excelente segunda recolección monofloral (floración entre el 10 y el 30 de junio);
— buena disponibilidad de flores de pradera estivales y de girasoles, que permiten obtener una excelente miel multifloral (milflores) en el periodo de julio y agosto;
— discreta floración estival tardía, y a veces presencia de plantas que producen melaza, que permiten a las abejas almacenar buenas reservas de alimento para el invierno en el periodo de agosto a octubre.

La zona elegida, por tanto, presenta una elevada calidad en lo que se refiere a flores, pero presenta algunos inconvenientes de tipo climático:

— otoños muy neblinosos y húmedos;
— inviernos a veces duros, con temperaturas mínimas de algunos grados bajo cero y máximas que no llegan a los 6-8 °C, con lo que se establecen largos periodos durante los cuales las abejas no pueden dejar la colmena para efectuar un «vuelo de purificación» (emisión de deyecciones), que pueden durar incluso 30-40 días consecutivos;
— primaveras muy variables, excesivamente lluviosas y con alternancia de jornadas cálidas y frías que trastornan la vida de la colmena, haciendo difícil el desarrollo constante de las colonias.

Una última precisión antes de ver el diario-calendario de los trabajos, referida al comportamiento de las abejas:

— la reina comienza a poner los huevos en la primera semana de febrero;
— el periodo de actividad y de recolección del polen comienza hacia mediados o finales de febrero;
— la enjambrazón tiene lugar desde la primera semana de abril hasta mediados de agosto;
— el momento de máxima expansión numérica de las

Abejas trabajando en la construcción de un panal. (Fotografía de Lega, Faenza)

colonias es a mediados de julio;
- la puesta de huevos comienza a reducirse a mediados de septiembre;
- desde mediados de noviembre hasta finales de enero hay un bloqueo total de la puesta.

Según estas premisas, vamos a ver ahora los principales trabajos, teniendo en cuenta que el apicultor nunca tiene un calendario fijo, sino que lo debe ir modificando según los días de sol, el desarrollo de las colonias y las necesidades que de vez en cuando se le presentan, para llegar con colonias fuertes y productivas al periodo de las floraciones más importantes (acacia y tilo, principalmente).

La primera visita de control para ver si las abejas han pasado bien el invierno se efectúa generalmente en la primera mitad de febrero: es una visita rápida, a la hora más cálida del día, y su objetivo es confirmar si las colonias están vivas y tienen suficientes reservas de alimento, o si por el contrario están débiles y hay que facilitarles un suplemento alimenticio.

Si resultara necesario suministrarles alimento, en esta época conviene darles sólo *candy* o papilla en vez de jarabe, ya que podrían digerir mal este último y eso les causaría diarrea (problema que para las abejas puede resultar letal con temperaturas frías). Con la primera visita, se procede habitualmente a eliminar las colmenas que hayan quedado vacías durante el invierno (normalmente la mortalidad no supera el 6-7 %), y a reducir el número de panales de las colonias más débiles.

La segunda visita se realiza transcurridos unos diez días, hacia finales de febrero: en esta visita habrá que valorar la situación de cada panal y de cada reina; se observará la nidada y se planificará el trabajo que habrá que realizar durante la primera visita de la primavera (es decir, la tercera visita a la colmena).

En la primera semana de marzo, se efectuará la primera visita de la primavera (que se describe en la pág. 68), más importante que las anteriores, porque ahora se valora a fondo el estado de los panales: se decide cuáles se van a fusionar y cuáles, por el contrario, se dejará que se desarrollen de forma natural; a cuáles se les va a administrar alimento artificial y cuáles tienen reservas suficientes o incluso excesivas; qué colmenas necesitan nuevos panales y cuáles, en cambio, aún no han de agrandarse.

Durante esta visita se puede comenzar a realizar trabajos de equiparación, transfiriendo un panal lleno de reservas de alimento procedente de una colonia que tiene un exceso a otra que lo necesita, o bien proporcionando un panal con nidada a una familia numéricamente débil y consiguiendo así aligerar al mismo tiempo otra que, al estar integrada por demasiados individuos, mostraría una predisposición a una enjambrazón anticipada.

Con posterioridad, todavía se habrán de visitar un par de veces las colmenas, cada diez días aproximadamente, y se continuará con las operaciones de añadir panales (hasta completar la colmena) y de transferencia de cámaras de cría (hasta la equiparación de las colonias).

Desde comienzos de abril, los controles deberán tener una frecuencia semanal para prevenir la enjambrazón natural: habrá que eliminar las celdas reales nuevas y proporcionar trabajo a las abejas con la sustitución de los panales viejos que no contengan todavía nidada por otros que habrán de construir y que garantizarán una nidada mejor. Una vez realizadas todas las equiparaciones necesarias para que la colonia se desarrolle bien, se podrá pasar a propiciar la enjambrazón artificial para evitar la natural.

Hacia finales de abril, al reducirse el peligro de enjambrazón, se pueden disponer las colmenas de forma que las familias las puedan preparar y puedan acomodarse en ellas antes de la floración de la acacia.

Hasta la floración de la acacia, los controles habrán de seguir siendo semanales (como máximo cada 10 días): a pesar de los cuidados facilitados, lo más probable es que si las colonias son muy fuertes, alguna enjambre.

En el momento de la floración de la acacia, las intervenciones en la colmena habrán de cesar, exceptuando las inspecciones por enjambrazones tardías o porque

Dos magníficos panales, uno con nidada que está naciendo (pocas abejas y muchas celdas operculadas) y otro con nidada recién nacida (celdas sin abrir en los márgenes y celdas abiertas en el centro, con muchas abejas sobre el panal)

se advierta que un panal no presenta los normales signos de vitalidad que tienen los otros; sin embargo, esto no significa que el trabajo del apicultor sea menos importante ahora: de hecho, habrá que controlar los panales de media alza para, cada vez que las abejas llenen uno, añadir otro nuevo. En condiciones óptimas, a los 4-6 días desde el comienzo de la floración de la acacia habrá que colocar un segundo panal de media alza, que se pondrá entre la cámara de cría y el panal lleno. Si las condiciones climáticas lo permiten, se puede añadir un tercero y, en casos excepcionales, hasta un cuarto panal de este tipo.

Si, una vez que está lleno un panal, el apicultor no facilita otro a las abejas, tendrá lugar lo que se conoce como «obstrucción de la cámara de cría», es decir, la utilización de las celdas que deberían alojar los huevos puestos por la reina para almacenar miel. Esto supone una merma en el recambio numérico de las abejas y un redimensionamiento de la familia, y a menudo conduce a las abejas a la enjambrazón incluso fuera de época... En definitiva, supone un grave daño para la colmena y para el apicultor.

Normalmente, hacia finales de mayo la floración de la acacia ya ha dado sus resultados, y la miel operculada en las celdas está lista para la recolección. Se procede a retirar los panales de media alza llenos y a colocar uno vacío para las abejas.

En los primeros 10 días de junio, tras la recolección de la miel de acacia, tiene lugar la floración del tilo, y conviene visitar las colmenas para verificar el estado de las reinas y sustituirlas en caso de que sea necesario, adquiriendo nuevas reinas o bien dejando huérfanas las colonias y haciendo así que creen una nueva reina.

Al florecer el tilo, si se controlan los panales con el debido cuidado y siempre que el clima lo permita, se podrán obtener idénticos resultados que en el caso de la acacia. A primeros de julio se efectuará la recolección de esta miel y se prepararán los panales para la recolección del verano, que generalmente no proporcionará más de dos panales de media alza por colmena.

La recolección de la miel milflores, enriquecida a veces con flores de girasol y hierbas medicinales, generalmente se efectúa en torno al 20 de agosto, con el fin de tener tiempo después para efectuar la profilaxis contra la varroasis, tanto si se utilizan productos de síntesis química como si se actúa mediante la lucha biológica con productos como el ácido fórmico, el ácido oxálico, etc. De hecho, independientemente de cuál sea la naturaleza de los productos utilizados, conviene que la miel no se contamine.

Para evitar que la cámara de cría se obstruya, conviene sacar un par de panales de reserva de alimento y sustituirlos por otros nuevos, para que las abejas trabajen elaborando cera: una vez que las paredes de las celdas están terminadas, se pueden sustituir también estos por otros nuevos. De esta manera, se consigue que las abejas preparen panales para ser utilizados en la primavera siguiente.

Hacia mediados-finales de septiembre, después de haber llevado a cabo todos los controles antivarroasis y para las restantes enfermedades, se efectuará una visita a las colmenas y se iniciará la preparación para la hibernación (sustitución de las reinas viejas y débiles que queden; eliminación de los panales más viejos y sucios, y equiparación de las familias y alimentación artificial si el verano no ha permitido acumular abundante alimento para el invierno).

A principios de octubre comienza la hibernación de las colonias: se reducen los panales a 8 o 9 como máximo y se colocan entre dos diafragmas; se reduce también el tamaño de la puerta de acceso a la colmena, y se efectúa, en caso necesario, un último tratamiento contra la varroasis. Desde este momento, si las familias no necesitan más complementos alimenticios o intervenciones correctoras, no serán necesarios más cuidados ni atenciones por parte del apicultor hasta finales del mes de febrero siguiente.

Este diario-calendario no debe ser considerado como un modelo absoluto y válido para todas las situaciones, aunque puede ser una guía útil de consulta general para una correcta gestión de la propia colmena.

LA MIEL

¿QUÉ ES LA MIEL?

El capítulo dedicado a la miel debe empezar por una definición muy simple: la miel es un producto que crean las abejas domésticas a partir del néctar de las flores, combinándolo con sustancias propias y dejándolo madurar en los panales. Dada la definición, hay que puntualizar que el néctar es una secreción vegetal con un contenido de azúcar que varía entre el 10 y el 70 %.

LA COMPOSICIÓN MEDIA DE LA MIEL

Según el tipo de miel y la estación de recolección, pueden presentarse variaciones en la composición del producto. Como media, la miel tiene la siguiente composición:

- — agua .... 19 %
- — glucosa......................... 32 %
- — fructosa......................... 38 %
- — maltosa........................... 7 %
- — sacarosa.......................... 2 %
- — aminoácidos .... 1 %
- — polen, enzimas, aromas.... 1 %

El procedimiento de transformación del néctar en miel empieza en cuanto la abeja pecoreadora lo ha recolectado y almacenado en la bolsa melífera. Una vez de vuelta a la colmena, tras una primera reelaboración somera debida al hecho de ingerirlo, lo traspasa a las abejas que se encuentran en la entrada y vuelve a su labor de recolectora. La abeja que ha recibido el néctar en la colmena emprende el verdadero proceso de transformación: despliega la trompa y regurgita una gotita del líquido que había almacenado en el buche, dejándola resbalar por su lengua flexible. De este modo, la superficie de evaporación aumenta y el líquido (que ya no es néctar pero que todavía no es miel) pierde parte de su humedad. Esta operación se repite con cada gotita por parte de varias abejas y dura varios minutos. Cuanta más cantidad de agua posea el néctar original, mayor será el trabajo de las abejas para lograr la miel. En el proceso de elaboración, el producto resultante será enriquecido con enzimas segregadas por las abejas

Dosificadora de miel en plena actividad. (Fotografía de Lega, Faenza)

que incentivan su transformación. La segunda fase de esta cadena consiste en la transformación que se produce en las celdas: el líquido obtenido anteriormente, que ya tiene todo el aspecto de la miel, posee todavía demasiada agua, por lo que las abejas ventiladoras deben proceder a su ventilación en las celdas hasta que la humedad baje a un nivel de 17-19 % (cada miel tiene una humedad propia, pero esta es la cota media). En cuanto la miel ha madurado, las abejas sellan las celdas con una capa de cera (cera de opérculo) que aísla la miel del ambiente exterior, impidiendo que vuelva a absorber humedad con el consiguiente riesgo de fermentación.

Distintos tipos de miel envasados para la venta: se puede observar la variedad de colores y la diferencia de cristalinidad y solidificación

LAS ENZIMAS CON LAS QUE LAS ABEJAS ENRIQUECEN LA MIEL

Entre las diversas enzimas con las que las abejas enriquecen la miel entre una fase y otra de la cadena, hay una esencial: la invertina. Esta enzima favorece la escisión de la sacarosa (disacárida) en glucosa y fructosa (monosacárida), azúcares simples que el organismo puede absorber directamente sin digerirlos. Eso implica que una sola cucharada de miel proporcione al organismo una reserva de azúcares inmediatamente disponibles.

LAS FUENTES DEL NÉCTAR

La flora nectarífera de la que disponen las abejas es notable: miles y miles de especies vegetales diferentes reciben la visita de las abejas. Entre todas, sin embargo, hay algunas que parecen atraer más su atención, principalmente por la cantidad y calidad de su néctar. Una fuente nectarífera cercana a la colmena podrá ser aprovechada en las mejores condiciones: por término medio, se considera que todo aquello que se encuentre en un radio de 3 km de la colmena puede ser rentabilizado por la colonia, aunque es sabido que las abejas pueden recorrer hasta 6 km. Aun así, el botín obtenido a más de 3 km es menos significativo si tenemos en cuenta las energías y el tiempo que consumen esas distancias. Entre las especies vegetales que las abejas visitan con especial fruición se encuentran algunas que producirán mieles monoflorales, mientras que otras sirven para producir buenas mieles poliflorales, y aun otras más que sólo se emplean para sostener a la colonia durante los periodos más duros: el desarrollo primaveral y el final del verano-otoño, antes de la hibernación. La importancia de estas tres categorías es obvia, por lo que vamos a ver a continuación algunas de las flores preferidas por las abejas.

ACACIA *(ROBINIA PSEUDOACACIA)*

Floración	mayo; flores en racimos blancos de perfume tenue y fragante.
Uso	produce gran cantidad de miel monofloral de color claro que permanece líquida durante años y con alto contenido en polen.

(Fotografía de Lega, Faenza)

ACHICORIA *(CICHORIUM INTYBUS)*

Floración	agosto-octubre; florecillas azules.
Uso	participa en la producción de mieles poliflorales y en el sustento de colonias antes de la hibernación; produce, además, una discreta cantidad de polen.

ALBARICOQUERO *(PRUNUS ARMENIACA)*

Floración	marzo; flores blancas.
Uso	no produce miel monofloral, pero tampoco contribuye a una cosecha polifloral; aun así, es muy útil para el desarrollo de las colonias.

(Fotografía de Lega, Faenza)

ALFALFA (*MEDICAGO SATIVA* Y OTRAS ESPECIES)

Floración	abril-septiembre (según los cortes de forraje); flor azul-violácea.
Uso	puede dar miel monofloral de color oscuro y gusto marcado que tiende a cristalizar; sin embargo, suele ser insuficiente, por lo que contribuye a producir miel polifloral.

ÁRNICA *(DITTRICHIA VISCOSA)*

Floración	septiembre; flores amarillas inodoras.
Uso	sustento de la colonia antes de la hibernación.

BERGAMOTO (*SOLIDAGO SEROTINA* Y OTRAS SUBESPECIES)

Floración	mayo-octubre; flores en racimos amarillos.
Uso	durante los meses de verano, contribuye al sustento de la colonia; en otoño tiende a producir una miel monofloral oscura y amarillenta con una tasa elevada de humedad que, a menudo, provoca su fermentación; por ello, no es muy apreciada por los apicultores.

BREZO (*ERICA ARBOREA*)

Floración	primavera; flores blancas en corimbos.
Uso	en las zonas donde abunda, produce una miel monofloral óptima de color amarillo anaranjado y de aroma delicado; tiende a solidificar con el tiempo.

CARDO ROJO (*CARDUS, CIRSIUM*)

Floración	agosto; flores rosado-rojizas.
Uso	participa en la producción de miel polifloral y en el sustento de la colonia en un periodo de floración escasa.

CASTAÑO *(CASTANEA SATIVA)*

Floración	junio-julio; ramos amarillentos.
Uso	produce una peculiar miel monofloral de color oscuro y de gusto bastante fuerte y amargo que solidifica rápidamente; es óptima por su contenido en polen.

CASTAÑO DE INDIAS *(AESCULUS HIPPOCASTANUS)*

Floración	marzo-abril; flores blancas con vetas rosadas en panochas o racimos piramidales.
Uso	contribuye al desarrollo primaveral de las familias; óptimo por su producción de polen.

CENTAURA (*CENTAUREA:* CERCA DE 500 ESPECIES Y SUBESPECIES)

Floración	verano; flores de diversos colores, como por ejemplo en las varias especies de flor de lis que presentan tonos azules, rojizos o rosa intenso.
Uso	contribuyen a la producción de miel polifloral.

CEREZO *(PRUNUS AVIUM, P. CERASUS)*

Floración	marzo; florecillas blanco rosadas.
Uso	es importante para el desarrollo de la colonia en primavera.

DIENTE DE LEÓN *(TARAXACUM OFFICINALE)*

Floración	marzo; flores amarillas.
Uso	en lugares donde abunda se puede recoger una miel monofloral oscura que tiende a cristalizar rápidamente en color blanco; normalmente es adecuada para el desarrollo primaveral de las colonias.

(Fotografía de Lega, Faenza)

ESCARAMUJO *(ROSA CANINA)*

Floración	junio; flores blancas o rosa pálido.
Uso	resulta interesante la recolección de pulpa de la baya, triturada y mezclada con miel (miel a la pulpa de escaramujo).

ESPINO ALBAR *(CRATAEGUS MONOGYNA)*

Floración	mayo; flores blancas en corimbos.
Uso	no está en disposición de producir miel monofloral, pero contribuye a la producción de miel polifloral; además, es adecuado para la producción de polen.

EUCALIPTO *(EUCALIPTUS)*

Floración	verano; ramos amarillentos.
Uso	donde abunda, produce una miel monofloral de aroma característico y de color ámbar claro; tiende a cristalizar.

FRESA *(FRAGARIA)*

Floración	primavera/otoño; flores blancas.
Uso	poca recolección de néctar y mayor recolección de polen; es imposible la producción de miel monofloral.

(Fotografía de Lega, Faenza)

GIRASOL *(HELIANTHUS ANNUUS)*

Floración	verano; flores amarillas.
Uso	produce una miel monofloral de color amarillo oro con un sabor pronunciado, y rápida y gruesa cristalización; es óptimo por su producción de polen.

(Fotografía de Lega, Faenza)

GRANADO *(PUNICA GRANATUM)*

Floración	mayo-julio; flores de color rojo anaranjado.
Uso	mínima recolección de néctar y máxima de polen. Es imposible la producción de miel monofloral.

(Fotografía de Lega, Faenza)

HIEDRA *(HEDERA HELIX)*

Floración	octubre-noviembre; florecillas amarillentas.
Uso	contribuye a aumentar las reservas invernales de la colonia.

LAVANDA *(LAVANDULA OFFICINALIS)*

Floración	julio-septiembre; florecillas azul-violeta.
Uso	es óptima para las mieles poliflorales de montaña, muy aromáticas y apreciadas.

(Fotografía de Lega, Faenza)

LIMONERO *(CITRUS LIMON)* Y CÍTRICOS EN GENERAL: NARANJA *(CITRUS SINENSIS)*, MANDARINA, CLEMENTINA, POMELO

Floración	verano; flores perfumadísimas de diversos colores, del blanco al blanco rosado y amarillo.
Uso	en zonas donde abundan los cítricos, producen una miel polifloral de cítricos mixtos de color amarillo-ámbar que tiende a cristalizar en blanco.

MADROÑO *(ARBUTUS UNEDO)*

Floración	octubre-noviembre; flores blancas en racimos colgantes.
Uso	produce una miel monofloral de color verdoso y gusto amargo, muy apreciada por algunos consumidores, que cristaliza; normalmente, se trata de una buena contribución a la vida de la colonia cuando se acerca el invierno.

MELILOTO (*MELILOTHUS ALBA* Y OTRAS ESPECIES)

Floración	julio-septiembre; flores amarillentas o blanquinosas.
Uso	óptimo para el sustento de las familias, así como para la producción de las mieles poliflorales.

MIRTO *(MYRTUS COMMUNIS)* Y OTRAS ESPECIES DE BOSQUE BAJO (MORA, FRESA, FRAMBUESA, ETC.)

Floración	verano; florecillas de diversos colores, con tendencia al blanco.
Uso	contribuyen a la producción de miel polifloral y suelen ser ricas en polen.

RODODENDRO (*RODODENDRUM:* DIVERSAS ESPECIES)

Floración	verano; flor rojiza.
Uso	raramente produce miel monofloral (oscura y perfumada); normalmente, sirve para producir mieles poliflorales de montaña, apreciadas por su aroma.

ROMERO *(ROSMARINUS OFFICINALIS)*

Floración	marzo-octubre; florecillas azul-violeta.
Uso	en cantidades suficientes, puede producir miel monofloral, oscura y aromática, que tiende a solidificar; normalmente, es un buen complemento de otras floraciones.

SALVIA *(SALVIA OFFICINALIS)*

Floración	verano; flores azul-violeta.
Uso	contribuye a la producción de mieles poliflorales muy aromáticas.

TILO (*TILIA:* DIVERSAS ESPECIES)

Floración	julio; flores amarillentas en racimos, perfumadísimas.
Uso	excelente productor de miel monofloral de color amarillo anaranjado, perfumadísima y de gusto inconfundible, que tiende a solidificar a los pocos meses de su extracción.

TOMILLO *(THYMUS VULGARIS)* Y OTRAS HIERBAS AROMÁTICAS Y MEDICINALES, COMO EL ORÉGANO Y LA MEJORANA

Floración	verano; florecillas rosa-azuladas.
Uso	óptimo para la producción de mieles poliflorales aromáticas.

TRÉBOL (*TRIFOLIUM:* MÁS DE 300 ESPECIES)

Floración	verano; florecillas blancas o rojo rosadas.
Uso	óptimo para la producción de mieles poliflorales en verano.

ZARZAMORA *(RUBUS FRUTICOSUS)*

Floración	verano; flores blancas rosáceas.
Uso	recolección de néctar y polen; contribuye a la producción de miel multifloral.

ZINNIA *(ZINNIA)*

Floración	verano; color rojo.
Uso	recolección de polen exclusivamente.

El panorama de las especias vegetales es tan amplio, que la información que proporcionamos sólo puede servir para hacerse una primera idea de las posibilidades de «pasto» de las que disponen estos preciosísimos insectos.

PRODUCCIÓN DE MIEL POR HECTÁREA (EN KG) DE ALGUNAS ESPECIES NECTARÍFERAS

Acacia	1.000	Romero	300
Tilo	900	Tomillo	300
Castaño	500	Orégano	100
Alfalfa	300	Lavanda	50
Meliloto	300	Espino	20
Salvia	300		

Estos datos, como es obvio, son sólo de carácter orientativo, puesto que su productividad real depende de muchos factores: suelo, clima, evolución estacional, humedad, etc.

LA RECOLECCIÓN: CÓMO Y CUÁNDO

La primera consideración que hay que tener en cuenta es que las mieles monoflorales son, por regla general, más apreciadas, y entre ellas, la de acacia es la que proporciona a un apicultor un mínimo de un 60 % de sus «ganancias». Por este motivo, hay que producir una variedad de miel de acacia lo más próxima posible al tipo ideal: color muy claro, de aspecto cristalino, líquida y sin tendencia a solidificar, carente de aroma o gusto especial. Para conseguirlo, hay que procurar que durante la floración no haya restos de otras mieles en las alzas. En ese caso, habrá que extraerlos, si ya ha sido operculada, o bien sacar esos panales y almacenarlos, a la espera de volverlos a insertar tras la recolección de la acacia.

La misma operación debe realizarse para conseguir cualquier miel monofloral. Las más conocidas son, además de la acacia, el tilo, el castaño y el girasol, con diferencias muy notables de precio. Si otorgamos a la acacia un valor 10, el tilo tendría un valor 9, el castaño 7 y el girasol 4. De este aspecto se deriva una segunda consideración importante: es preferible trabajar en busca de la calidad del producto que de la cantidad.

También hay algunos tipos de miel monofloral raros pero con buena demanda, como la de madroño, rododendro, cítricos o brezo (la típica miel inglesa).

En el caso de las mieles poliflorales, por el contrario, las denominadas *milflores* suelen tener un contenido mayor de una variedad, lo que permite que se comercialicen como monoflorales y, por tanto, alcancen un precio más alto. Dadas las propiedades específicas de las flores que ha libado la abeja, poseerán un valor intrínseco también más elevado: las mieles de montaña, de cítricos o de hierbas medicinales, como romero, salvia o tomillo, alcanzan entre 7 y 9 en la escala de valores. Hoy en día, a menudo se suelen ver colmenas situadas en plantaciones de hierbas medicinales, técnica que se utiliza tanto para mejorar la polinización como para producir una buena miel.

La milflores de prado, sin otra peculiaridad, es una miel excelente por sus propiedades nutritivas y energéticas, pero, dado que se solidifica fácilmente y que tiene un color oscuro y una menor fluidez respecto a las otras, no ha conquistado una gran cuota de mercado y su valor es 3. Además, existen algunas mieles que, al alcanzar una alta cota de humedad, no tienen posibilidades de ser comercializadas si no es para uso industrial; estas mieles sólo alcanzan un valor 1.

El cómo y el cuándo de una buena producción melífera depende de una correcta organización del colmenar:

— desarrollo de la colonia, natural o mediante alimentación artificial, durante los meses de febrero-marzo;

— control e instalación de la colonia en el mes de abril, con objeto de reducir o eliminar (en la medida de lo posible) el riesgo de enjambrazón;
— estado de las alzas o sustitución de los panales llenos de miel antes de que se produzca la floración de la acacia (mayo);
— extracción de la miel en cuanto se produzca la operculación y preparación en vistas a la segunda recolección (junio-julio), con posibilidad de dos cosechas para el modelo movilista (por ejemplo: junio-castaño; julio-tilo), que pueden aprovechar los diversos periodos de floración que dependen de las condiciones específicas de cada zona;
— integración de la recolección natural con la siembra de especies melíferas, como por ejemplo la campanilla;
— reducción del espacio del nido (con un diafragma) durante la época de la recolección para evitar la acumulación excesiva de reservas en la cámara de cría; tras concluir este periodo, se pueden volver a abrir espacios para que la reina ponga sus huevos y estimule la alimentación consiguiente;
— hibernación de colonias fuertes que puedan emprender, al llegar la primavera, un nuevo ciclo en plena forma.

TIPOS DE MIEL Y CARACTERÍSTICAS ESPECÍFICAS

Las mieles comercializadas como monoflorales, que pueden oscilar entre un 70 y un 100 %, manifiestan algunas

Diversos tipos de miel de distintas recolecciones. (Fotografía de Lega, Faenza)

características, tanto de gusto como de aspecto, a las que hay que añadir unas «propiedades beneficiosas» específicas. Veamos algunas:

— acacia: miel límpida y clara, de gusto delicado; es un laxante muy ligero, tiene propiedades desintoxicantes para el hígado y, además, es un antiinflamatorio de las vías respiratorias;
— tilo: miel límpida de color amarillo anaranjado, de gusto fuerte y aroma inconfundible; tiene propiedades tónicas para el aparato respiratorio y efectos sedantes;
— castaño: miel oscura, densa y de gusto amargo; es una buena colaboradora en la lucha contra las enfermedades cardiovasculares;
— brezo: miel de color amarillo anaranjado, de aroma delicado; es un excelente diurético;
— eucalipto: miel de color ámbar claro, de aroma acusado; es un buen desinfectante bronquial y pulmonar;
— lavanda: junto a otras hierbas de montaña, y en combinación con ellas, produce una miel de color ambarino que tiene propiedades analgésicas y ayuda a combatir problemas respiratorios y pulmonares (asma y enfisema);
— madroño: miel verdosa de sabor muy marcado; tiene poder diurético y antiasmático;
— alfalfa: miel oscura y de gusto marcado; sirve como antiinflamatorio;
— rododendro: miel de color oscuro y aroma intenso (por regla general, se puede combinar con hierbas de montaña); es un buen sedante;
— romero: miel oscura y aromática, de efectos saludables contra las infecciones hepáticas;
— tomillo: combinado con otras hierbas aromáticas, produce una miel polifloral aromática y muy digestiva;
— trébol: una miel donde predominen las diversas especies de trébol presenta un color oscuro y propiedades idóneas para combatir la astenia.

Con independencia de la clase de miel, la recolección y conservación de esta sustancia sigue un itinerario muy preciso:

— recolección del néctar de las flores;
— transformación y almacenamiento por parte de las abejas;
— filtrado y decantación en el madurador;
— envasado y conservación.

La conservación de la miel merece un momento de atención. Hay que tener en cuenta que en el Museo de Agricultura de Dokki (Egipto) se conservan tarros llenos de miel, todavía comestible, que se remontan al año 1400 a. de C. Con ello queremos decir que la miel no tiene fecha de caducidad y podemos conservarla eternamente.

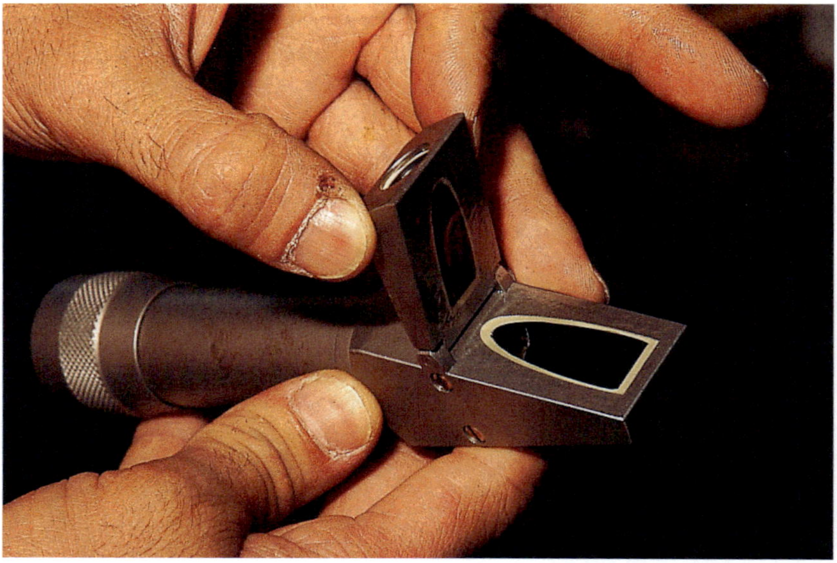

Con el refractómetro se puede medir la humedad de la miel y así saber cuánto tiempo se podrá conservar sin que fermente ni se solidifique

Si la conservamos en un envase al vacío y a una temperatura constante de 0 °C, la miel se mantendrá inalterada, tanto en su aspecto como en sus propiedades, durante muchísimos años.

La conservación a temperaturas inferiores a los 10 °C y entre 21 y 27 °C reduce la tendencia de la miel a cristalizar, fenómeno que suele presentarse en variedades con un contenido de glucosa superior al 29 %.

Si conservamos la miel a una temperatura superior a los 27 °C, el riesgo de que se deteriore es alto.

Si, en el momento del envasado y conservación, la miel contiene un porcentaje de agua comprendido entre el 17 y el 19 %, tendremos un producto que no se

LAS MIELES TÓXICAS

El primer percance registrado con mieles tóxicas se remonta a la antigua Grecia. Jenofonte narra que, mientras se encontraba en la Cólquida, sus tropas padecieron una severa intoxicación por ingerir mieles de *Azalea pontica*, que posee un polen altamente tóxico para el hombre.

Además de esta planta, otras que producen miel tóxica son la cicuta, la belladona, el aligustre, el digital... Afortunadamente, para que una miel resulte tóxica debe contener una importante proporción de alguna de estas plantas; en caso contrario, aunque las abejas hayan libado en ellas, el producto final carece de contraindicaciones.

APICULTURA TRADICIONAL Y BIOLÓGICA

La apicultura tradicional permite desde hace ya algunos años la utilización de productos de origen químico para el control y el tratamiento de determinadas enfermedades de las abejas, lo cual, si se realiza con cuidado, no supone ningún inconveniente: si los productos se utilizan correctamente, dan buenos resultados en lo que se refiere a las enfermedades y no contaminan los alimentos que luego se van a consumir en la mesa; sin embargo, hay que destacar que si no se utilizan correctamente, sí es posible encontrar restos incluso en la miel.

Actualmente se ha estudiado un método alternativo de cría y cuidado de las abejas que no utiliza ninguna sustancia química que pueda dejar restos en la miel; así, se ha creado una especie de protocolo al cual se pueden sumar los apicultores para una producción totalmente biológica. Para poder certificar como biológica su producción de miel, cada apicultor debe inscribirse en una de las asociaciones que efectúan los controles, debe respetar normas bien definidas —como, por ejemplo, el barnizado de las colmenas y de los panales de media alza con barnices especiales al agua (nada de esmaltes coloreados, etc.)— y debe certificar que no utiliza piretroides en la lucha contra la varroasis ni antibióticos o sulfamidas para el control de la loque, etc.

Debido a que la producción totalmente biológica aumenta el trabajo de gestión de la colmena, el producto certificado como biológico suele presentar un precio ligeramente superior al del producto tradicional.

solidificará con facilidad. Si, por el contrario, el porcentaje supera el 19 % y conservamos la miel entre los 10 y los 20 °C, existe el riesgo de que fermente. Para medir el grado de humedad de la miel, se utiliza un simple refractómetro.

Los productores «profesionales», con objeto de evitar que la miel se solidifique o se granule rápidamente, han adoptado una técnica que se ha revelado bastante eficaz y que no perjudica demasiado el producto: la miel es sometida a sesiones de calor de 2 a 4 segundos a una temperatura comprendida entre los 60 y 70 °C.

Al pequeño apicultor que desee licuar la miel solidificada, le aconsejamos calentarla al baño María, procedimiento que perjudica sólo moderadamente el producto. La única manera de no dañarlo en absoluto es no someterlo a ninguna clase de tratamiento térmico.

La melaza

Se trata de un residuo azucarado segregado por ciertos parásitos de las plantas que liban las abejas, las cuales lo recolectan y transportan igual que hacen con el néctar. Este producto se diferencia de la miel porque tiene un alto contenido proteínico y, además, es pegajoso. Esto se debe a que las abejas liban incluso las plantas que producen melaza, transformándola también. Veamos algunos ejemplos:

— melaza de abeto: color negro verdoso, de aroma balsámico muy fuerte y sabor dulce; es muy rica en oligoelementos y enzimas, y tiende a cristalizar más tarde que otras melazas; está indicada para combatir las afecciones de las vías respiratorias;
— melaza de encina: color oscuro, de aroma intenso y sabor maltoso; es tan densa que puede obturar los filtros; está indicada contra el resfriado y la ronquera; a causa de su fuerte sabor, no se recomienda utilizarla en la cocina;
— melaza de tilo: es bastante rara y apreciada, tiene color oscuro y aroma delicado, sabor tónico con un regusto de uva; cristaliza lentamente y es adecuada para preparar tisanas relajantes;
— melaza de alerce europeo: llamada «la miel de cemento» por su facilidad para cristalizar incluso en el interior del panal, lo cual hace difícil su extracción; es oscura, tiene un sabor fuerte y, por suerte para los apicultores, es muy rara, dado que comporta un enorme esfuerzo para extraerla y filtrarla.

Otros productos de la colmena

LA JALEA REAL

La jalea real es un producto de las glándulas hipofaríngeas y mandibulares de las jóvenes abejas nodrizas. Se trata de una secreción blanquecina, ácida y ligeramente azucarada. Se utiliza para alimentar las larvas de todas las castas durante sus tres primeros días de vida; a partir del cuarto día, sólo la celda real seguirá recibiendo este manjar, mientras que las demás abejas y los zánganos serán alimentados con una mezcla de miel, polen y agua. La reina seguirá comiendo jalea real durante toda su vida.

La jalea real posee un alto contenido de vitaminas, aminoácidos esenciales, proteínas, lípidos, glúcidos, prótidos, carbohidratos y elementos colinérgicos. Además, encontramos potasio, hierro, calcio, cobre, silicio, fósforo y un factor antibiótico termoestable e hidrosoluble. Por lo que se refiere a la producción de la jalea real, se puede proceder de dos maneras: la primera, completamente natural pero poco recomendable, consiste en recolectar de forma manual la jalea real que contienen las celdas reales que las abejas construyen durante la época de enjambrazón; el segundo, mucho más racional, implica la instalación de «cajones» de las mismas características que los que producen las abejas reinas.

Veamos ahora cómo se organiza la producción de la jalea real:

— preparar en el «cajón» (colmena sobredimensionada y dividida en tres compartimentos separados por un excluidor de reinas,

COMPOSICIÓN DE LA JALEA REAL

La composición de la jalea real que se suele describir es la siguiente: 70 % de agua, 15 % de prótidos, 12 % de glúcidos, 3 % de lípidos. Queda una porción de sustancias que todavía no han podido ser «descifradas»: se sabe que se trata de hormonas y de un factor de crecimiento «R», que es el que la convierte en una sustancia tan interesante desde el punto de vista nutricional.

Cajones para producir jalea real

de manera que los dos compartimentos laterales tengan las dimensiones de una colmena normal, y la central tenga la mitad) dos familias fuertes en cada lado (con una reina en actividad) y un «núcleo» huérfano en el centro, formado con panales con una nidada operculada;

— preparación de los panales «portavarillas», es decir, de los cuadros sin hoja de cera pero con varillas de madera en las que insertaremos los capullos de plástico o de cera donde podremos «alojar» a la larvita (extraída de un panal con nidada fresca de otra colmena), de menos de tres días de edad;

— preparación de las «varillas», o sea, de las barras de manera que se insertan en los panales y aguantan los capullos reales en los cuales se alojarán las larvitas; para la cría de las reinas, los capullos deben estar separados de manera que en la celda puedan desarrollarse mejor (15 por varilla), mientras que para la producción de jalea real deben juntarse un poco más (30 por varilla);

— instalación de los panales portavarillas (cada panal contiene un máximo de tres varillas) en el núcleo huérfano y, en su caso, alimentación complementaria del propio núcleo; normalmente, cada uno está preparado para alojar un máximo de dos panales;

— transcurridos tres días desde la instalación de los panales

Portavarillas con celdas reales

Extracción de la larvita para insertarla en el capullo

LOS GRANDES BENEFICIOS DE LA JALEA REAL

Consumir jalea real es favorecedor por los beneficios que aporta:

— estimula el metabolismo;
— aumenta el rendimiento psicofísico;
— ayuda a normalizar las funciones neurovegetativas;
— favorece al sistema endocrino;
— el factor de crecimiento «R», que provoca que la reina pueda llegar a pesar en cinco días más de 1.800 veces su propio peso, posee efectos evidentes en el organismo de los niños débiles;
— es un óptimo coadyuvante en tratamientos gerontológicos;
— contribuye al mantenimiento de los sistemas cardiocirculatorio y digestivo;
— ofrece ventajas dermatológicas;
— su acción antibiótica combate algunos gérmenes patógenos.

El consumo de jalea real es aconsejable para todos, aunque no se le deben pedir milagros. La cantidad aconsejable es de 300-600 mg diarios durante 30 días, al menos tres veces al año.

portavarillas, se procede a la recolección de las varillas y a su sustitución por otras nuevas; el periodo de recolección se extiende de marzo a septiembre, aunque la máxima producción se concentra en la época de la enjambrazón natural y en la de las grandes recolecciones;

— las varillas extraídas, cuyas celdas han sido «aceptadas» (es decir, en las que las abejas han criado una larvita), que

Celdillas con jalea real lista para la recolección

Limpieza de las celdillas y extracción de la jalea real con el aspirador. (Fotografía de CMA, Casale Monferrato)

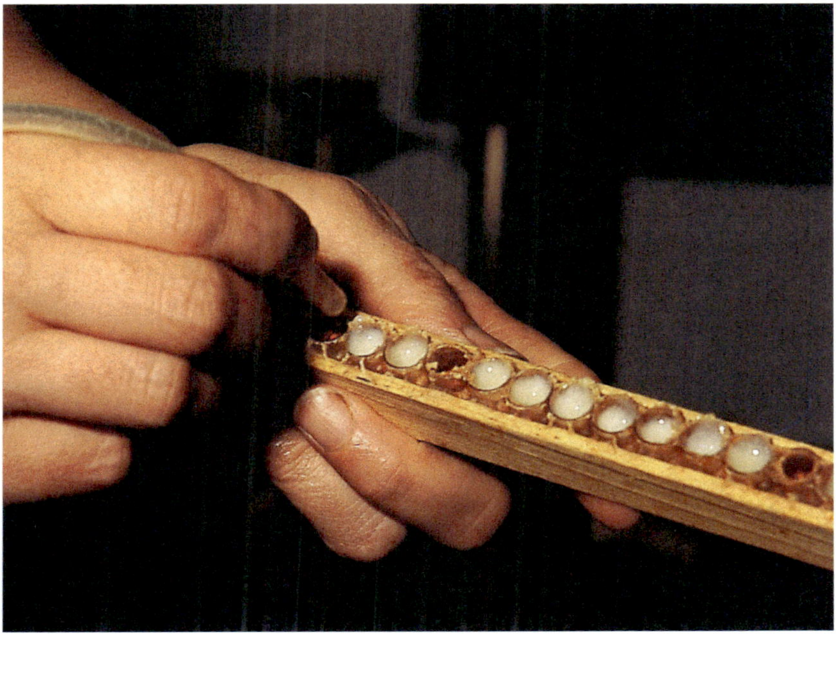

normalmente oscila entre el 60 y el 70 % en un periodo favorable, y entre un 30 y un 60 % en uno menos rico, deben trasladarse al almacén, en el cual se procede al corte de las celdas, a la eliminación de las larvitas y a la recolección de la jalea real con un aspirador;

— una vez cosechada, la jalea real debe conservarse a una temperatura de 1-4 °C en contenedores oscuros, puesto que es una sustancia fotosensible que se deteriora con el calor;

— la venta de la jalea real se realiza normalmente en pequeños tarros de vidrio oscuro provistos de un dosificador, cuyo contenido es de 500 mg; su consumo más aconsejable es tomarla por las mañanas en ayunas y, si es posible, seguido de una cucharada de miel y una o dos cucharaditas de polen; de este modo, podremos obtener el máximo beneficio de los tres productos.

La producción de jalea real, así como la de reinas (las celdas se recolectan un par de días antes de la eclosión, para introducirlas después en unas colmenitas especiales de fecundación en las que nacerán y emprenderán el vuelo nupcial), es un trabajo que sólo podrán realizar apicultores experimentados, puesto que los principiantes carecen de la destreza y la seguridad de

Celdas con polen almacenado

En un panal con nidada de pocos días (celdas traslúcidas) y con algunas celdas ya operculadas (celdas perfectamente selladas), las abejas dejan siempre celdas libres para alojar el polen que ingerirán pronto (celdas amarillentas, arriba*)*

movimientos necesarios para manipular las colmenas. La tarea se realiza de manera continuada (cada tres días, en el caso de la jalea real) y debe desarrollarse a intervalos preestablecidos y constantes, a diferencia de la organización normal del colmenar destinado a la recolección de miel.

EL POLEN

El polen es un elemento fecundador de las flores que tiene el aspecto de un polvo fino de color variable y, según las flores de procedencia, puede ir del blanco al rosa, del amarillo al verde, del rojo al marrón oscuro. Observando al microscopio, se puede comprobar que cada grano es una unidad biológica perfecta y completa que contiene todo lo necesario para la vida: proteínas, vitaminas, azúcares, 21 de los

VITAMINAS Y OTRAS SUSTANCIAS CONTENIDAS EN EL POLEN

El polen contiene muchas sustancias esenciales: potasio, hierro, magnesio, sodio, fósforo, cloro, níquel, manganeso, plata, azufre, cinc, radio, cobalto, titanio, estroncio y sustancias afines (que aumentan la resistencia de los vasos capilares). Además, contiene algunas vitaminas:

— provitamina A;
— B_1, B_2, B_3, B_4, B_5, B_6;
— C;
— E.

23 aminoácidos conocidos, grasas, carbohidratos, enzimas, coenzimas y hormonas del crecimiento. No faltan las sales minerales. En el núcleo de la célula se encuentran alojadas las moléculas de DNA y RNA: la primera determina la forma y el desarrollo de todo ser vivo, mientras que la segunda (conjuntamente con aquella) regula las funciones de cada célula.

La abeja se provee de polen libando de flor en flor y recogiéndolo con la boca, lo empasta y lo aloja en las bolsas recogepolen. La carga completa de cada bolsa oscila entre 10 y 15 mg. Luego, en la colmena, vacía la bolsa con un espolón especial y lo almacena en las celdas que, a diferencia de las de miel, no serán operculadas. En cada celda pueden almacenarse grandes bolas que las abejas recolectan, separadas incluso según el tipo de flores. Por ello, una vez almacenado, el polen tenderá a tener un color más claro.

El apicultor que desee recolectar el polen deberá emplear una jaulita especial (véase el apartado «La colmena y sus accesorios»), y una vez obtenido el botín, procederá a desecar las bolas de polen que, durante el tratamiento, perderán hasta un 20 % de su peso.

Tras desecarlas y limpiarlas de impurezas (con un ventilador especial, para apicultores de gran producción, o soplando, para quienes realizan un uso doméstico), y si deseamos conservarlas durante más tiempo, las desinfectaremos con tetracloruro de carbono. Para efectuar esta operación, introduciremos el polen en un contenedor y, dentro de este, una esponjita empapada de tetracloruro en una proporción de 1 cm^3 por cada 10 l del contenedor.

El polen es un integrador alimentario excelente y contiene propiedades inigualables: da vigor; aumenta la resistencia al cansancio psíquico y físico; aumenta las defensas inmunitarias; combate la hipertensión; tiene virtudes antianoréxicas, antianémicas, euforizantes y antidepresivas; es un buen regulador intestinal; ayuda a combatir la ansiedad y la migraña y, por regla general, es muy bien tolerado por todo el mundo. Los casos descritos de alergia alimentaria al polen son rarísimos (ya que no guarda ninguna relación con la alergia respiratoria al polen).

El mejor modo de consumir el polen es por la mañana y en ayunas, combinado con miel y jalea real. La cantidad indicada: unos 10 g al día para los adultos (2 cucharaditas) y 5 g para los niños (1 cucharadita).

LOS ÁRBOLES Y LOS PROPÓLEOS

Los árboles que producen resina de la que las abejas obtienen los propóleos son, normalmente, el chopo, el abedul, el abeto, el aliso, el pino, el sauce, el olmo, la encina, el fresno y el castaño de Indias.

LOS PROPÓLEOS

La palabra *propóleos* procede del latín *propoleos*, genitivo de *propolis*. No tiene forma en singular y, según el diccionario de la Real Academia, significa: «Sustancia cérea con que las abejas bañan las colmenas o vasos antes de empezar a obrar».

Los propóleos son resinas que las abejas obtienen de las yemas y la corteza de ciertas plantas. Su composición media es: 50 % de resinas y bálsamos, 30 % de cera, 10 % de aceites esenciales, 5 % de polen y otro 5 % de sustancias diversas, como madera, polvo y residuos del cuerpo de la abeja.

Las abejas recolectan los propóleos con gran esfuerzo: los reconocen con las antenas y, realizando un trabajo hercúleo, los extraen con las mandíbulas, almacenándolos en las bolsas recogepolen. La operación de recolección es lenta, dada la viscosidad del producto, y más lenta aún es su extracción de las bolsas. Este proceso ocupa a las abejas durante varias horas. Una colonia recolecta para su propio uso entre 100 y 300 g de propóleos al año. Las abejas los emplean para tapar agujeros, para construir defensas en la entrada de la colmena, para «desinfectar» las celdas después de cada eclosión de una nueva abeja y, en fin, para encolar y reparar los panales.

El color y el olor de los propóleos varían en función de la planta de origen. Normalmente, son de color verdoso y despiden un aroma muy intenso. A 15 °C son duros y fríos, a 30 °C se ablandan y son pegajosos, y se funden a los 70 °C. El apicultor que desee recolectarlos y «trabajarlos» debe tener en cuenta estos datos. Los mecanismos de recolección son dos: el «antiguo», que consiste en rascar de manera periódica los propóleos de las colmenas y las alzas; y el «racional», intercalando entre los panales de la cámara de cría y la tapa cubrepanales una rejilla que deja pasar el aire pero no a las abejas. Estas se verán entonces obligadas a tapar los agujeros de la rejilla con los propóleos. Los propóleos se solidifican y pueden extraerse fácilmente.

Normalmente, se utilizan soluciones alcohólicas que permiten derretirlos y, al mismo tiempo, limpiarlos de impurezas.

Son importantes por tres funciones fundamentales:

Desceradora solar. (Fotografía de Lega, Faenza)

Elaboración de la cera con la que se producen las hojas para los panales. (Fotografía de Lega, Faenza)

Dentro de una colmena de apicultura movilista se observa un panal nuevo, con una hoja de cera sin estrenar

— antibacteriana;
— antioxidante;
— fungicida.

Además, son un excelente cicatrizante y pueden aliviar los dolores en caso de quemaduras. En soluciones y proporciones diversas, se utilizan también como digestivo y para combatir las infecciones de las vías respiratorias.

Existen razas de abejas que tienden a propolizar con mayor frecuencia, como es el caso de la caucásica y la melífica anatólica, mientras que otras lo hacen mucho menos, como es la raza dorsada y la floral.

LA CERA

La cera es una mezcla de sustancias grasas (ácidos grasos + alcohol) segregada por las glándulas ceríferas de las obreras de edades comprendidas entre los 12 y los 18 días. Usando sus mandíbulas, las abejas mezclan esta sustancia con polen y propóleos para construir los panales, reparar los ya existentes y, en estado natural, para crear un refugio resistente y elástico.

Para producir 1 kg de cera, las abejas consumen unos 7-10 kg de miel (hay que tener presente que un panal con un cuadro de madera contiene cerca de 150-200 g de cera, y que una hoja cérea prefabricada pesa unos 100-110 g).

El apicultor recupera la cera de dos maneras: fundiendo los panales viejos y recogiendo la cera del opérculo. Un quintal de miel operculada produce 1,5-2 kg de cera.

Para limpiar y conservar la cera se debe proceder a fundirla y filtrarla. El punto de fundición se encuentra en los 62,5 °C, para lo que se recurre a dos métodos: el «hervido» o la utilización de las «desceradoras». En el primer caso se hierve la cera en cierta cantidad de agua y se pasa el líquido obtenido por un filtro mientras todavía está caliente. Cuando la sustancia resultante se enfría, obtenemos una cera compacta y sin impurezas. El uso de desceradoras racionaliza el trabajo. Se trata de un proceso que se realiza tanto con electricidad como aprovechando el calor del sol, y que separa la cera de otras sustancias.

El apicultor puede aprovechar la recuperación de la cera para obtener hojas céreas elaboradas o para producir cera para muebles (una buena receta es mezclar en caliente un 50 % de cera y un 50 % de agua).

EL VENENO

La abeja segrega el veneno mediante dos glándulas: una produce una sustancia alcalina, y la otra, una ácida en cantidades que oscilan entre 0,1 y 0,3 mg. Contiene agua, histamina, melitina, lisolecitina, apamina y dos enzimas. La apamina provoca la hinchazón y el picor subsiguientes a la picadura, que actúa a gran escala y puede provocar calambres, hemólisis y convulsiones. La alergia al veneno de las abejas puede causar, en un individuo alérgico, un *shock* anafiláctico, coma e incluso la muerte. Por regla general, con el tiempo suele producirse la desensibilización, por lo que al dolor causado por las primeras picaduras le sucederá una tolerancia. Sin embargo, también existe el riesgo de que se produzca el fenómeno inverso.

La recolección del veneno por parte del apicultor es difícil y arriesgada. Debe actuarse teniendo presente que el veneno deshidratado cristaliza y es soluble en alcohol. Hay que poner en el fondo de la colmena una rejilla de hierro, con una hoja de papel de seda y una lámina de vidrio debajo. Se conecta entonces la rejilla a un transformador eléctrico (corriente alterna) y se aplican algunas descargas (de baja intensidad para no acabar con las abejas), breves y repetidas cada 30 segundos, durante no más de entre 15 y 25 minutos. Las abejas que se encontraban sobre la rejilla se ven obligadas a picar, dejando su aguijón clavado en el papel de seda, que no les desgarra el cuerpo y les permite seguir con vida. El veneno se deposita en la lámina de vidrio, en la que queda adherido y se seca. Para desprenderlo, bastará con rascar el vidrio con ayuda de un poco de alcohol.

La labor de «ordeñar» a las abejas no debe realizarse más de cuatro o seis veces al año, con un descanso mínimo de 15 días entre una y otra sesión, si no queremos diezmar la colonia. Hay que tener mucho cuidado, dado que después de cada sesión los animales se vuelven más agresivos durante unos días. Por ello, es preferible trabajar durante las grandes floraciones, periodo en el que el trabajo las disuade de sus «instintos homicidas». Un kilogramo de abejas «ordeñadas» produce un gramo de veneno, aproximadamente, que se utiliza en farmacología: es un buen vasodilatador, anticoagulante, cardiotónico y revulsivo. Se emplea también para fabricar productos contra la artrosis, el reuma, las enfermedades cardiovasculares y las alergias. El mercado nacional no es muy amplio, por lo que no es recomendable que el apicultor se dedique a esta producción, vistos los riesgos que comporta.

Los enemigos y las enfermedades de las abejas

En estado natural, las abejas tienen un cierto número de enemigos y padecen algunas enfermedades de diferente origen, algunas de las cuales pueden poner en serio peligro la vida de la colonia.

Antes de examinar los enemigos y las enfermedades más graves y habituales, será necesario tratar los pequeños inconvenientes, raros o de escasa relevancia en la economía de la colonia que, aun así, es preciso tener en cuenta.

Pensemos primero en el caso del oso, un enemigo de las abejas que ya no se encuentra en Europa, el cual, además de ser un consumidor insaciable de miel, destruía las colmenas instaladas en troncos huecos o en hendiduras rocosas.

Pequeños enemigos que no debemos olvidar son el ratón, que durante el invierno se introduce en la colmena para estar a cubierto del frío y roer los panales; las avispas comunes y los abejorros, que, además de robar la

Una esfinge

miel, se dedican a matar abejas, que devoran con avidez; las hormigas, que a veces se introducen en la tapa cubrepanales y, más raramente, penetran en el interior de la colmena obligando a las abejas a realizar un trabajo suplementario para espantarlas, creando nerviosismo y la caída de la producción.

Para combatir a estos enemigos, el apicultor no tiene que esforzarse mucho: contra los ratones, basta con reducir la puerta de entrada de la colmena antes de que empiece el invierno. Por lo que respecta a las avispas y los abejorros, dejando de lado casos de una superpoblación excepcional (en cuyo caso es preferible combatirlos con insecticida), las propias abejas son capaces de defenderse por sí mismas. Contra las hormigas, por último, podemos expulsarlas de la tapa cubrepanales poniendo entre esta y el techo un cristal de naftalina.

Ciertas plantas pueden convertirse también en enemigas de las abejas a causa de la toxicidad de su polen. Recordemos la *Azalea pontica*, el *Ranunculus puberulus*, 4-6 variedades de entre las más de 500 del eucalipto, una variedad de rododendro y otras plantas que, a pesar de todo, son tan raras en nuestro territorio que muy difícilmente resultarán perjudiciales.

En caso de detectar bajas en la colonia debidas a polen tóxico, el único remedio consiste en trasladar el colmenar a una zona alejada.

Enemigos específicos de la abeja, que no perjudican a los insectos pero que saquean las reservas de miel, son la cetonia, del orden de los coleópteros, y las esfinges *(Sphynx atropos)*, mariposas nocturnas de gran tamaño. Una rejilla que reduzca las dimensiones de la entrada del colmenar puede bastar para impedir sus fechorías, aunque no es indispensable, pues nunca causarán estragos que pongan en peligro la supervivencia de las colonias.

EL ABEJARUCO

De vuelo plano y alborotado, vuela en pequeñas bandadas y se alimenta preferiblemente de abejas. Su nombre científico,

UN ENEMIGO SINGULAR

Una experiencia personal vivida durante el pasado invierno testimonia los graves daños que puede llegar a causar una pareja de aves. En un colmenar formado por unas 35 colmenas, situado en un claro cerca de un bosquecillo de acacias, álamos y robles, estableció su nido una pareja de pájaros carpinteros durante el verano. En invierno, el propietario del bosque decidió talar los árboles más viejos, incomodando a los carpinteros, que hasta ese momento no habían mostrado ningún interés por las colmenas. Unos días después, 7 colmenas habían sido taladradas en distintos puntos, y las huellas del pico de los simpáticos pajarillos eran inconfundibles...

Abejaruco posado y en pleno vuelo

Merops apiaster (comedor de abejas), lo dice todo. Se trata de un pájaro de vivos colores y vuelo rápido. Captura las abejas al vuelo y, con un golpe seco del pico, las divide en dos: engulle la cabeza y desprecia el aguijón.

Es un ave migratoria, pero, desde hace algunos años, ha adquirido cierto hábito sedentario; construye refugios seguros en galerías de 2-3 m excavadas en faldas arenosas y paredes de tierra levantadas por el hombre (terraplenes y bancales), en cuyo fondo instala su nido. La hembra pone 5 o 6 huevos que incuba durante 21 días. Las crías son muy voraces y dependen de los padres durante un mes. Una vez se independizan, permanecen junto a la familia de origen hasta la estación siguiente colaborando en la cría de las nidadas sucesivas, normalmente dos más. Si divisamos un grupo de abejarucos volando cerca de nuestro colmenar, podemos empezar a despedirnos de 400 o 500 abejas por cada hora de «banquete». Dado que se trata de animales de carácter desconfiado, podemos ahuyentarlos utilizando piedras y haciendo ruido, aunque no siempre es suficiente.

Otros pájaros que pueden amenazar a las abejas son las golondrinas y los pájaros carpinteros: las primeras se instalan en grupos cerca del colmenar, mientras que los segundos llegan a perforar las colmenas y devorar panales y abejas.

LA POLILLA DE LA CERA

Se trata de una mariposa nocturna que se introduce en los panales, especialmente en los viejos o con poca presencia de abejas, y depone sus huevos en su interior. La larva se alimenta de cera y excava galerías que, en poco tiempo, pueden destruir el panal. Si el panal está habitado, las abejas controlarán la situación

La polilla de la cera. (Fotografía de Lega, Faenza)

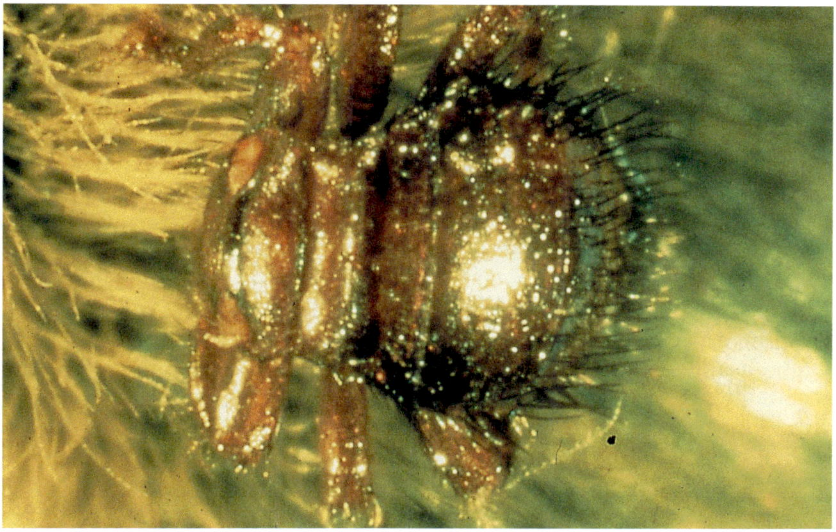

La Braula coeca *succiona la miel directamente del aparato bucal de las abejas*

matando tanto las larvas como las polillas cuando penetren en la colmena. Si los panales sirven únicamente como almacén de miel, entonces nos enfrentamos a un serio problema. Un buen método para combatir la polilla de la cera es el tetracloruro de carbono, que se introduce en recipientes abiertos entre los panales, y el sulfuro de carbono, utilizado de la misma manera. Estos líquidos se evaporan poco a poco y matan tanto a las larvas como a las polillas. También podemos emplear cintas de azufre que se prenden entre los panales, o bien atomizadores con contenido de azufre. Existen dos especies de polillas: la *Galleria cerella* o *Galleria melonella*, de 15-18 mm de longitud, y la *Achroea grisella*, de 7-8 mm de longitud; en ambos casos, son de color gris.

EL PIOJO DE LA ABEJA

La *Braula coeca*, o piojo de la abeja, es un insecto que pertenece a la familia de los dípteros y puede descubrirse a simple vista, puesto que tiene un diámetro de 1 mm aproximadamente. Se trata de un parásito que puede considerarse benigno, ya que se nutre de miel que succiona directamente del aparato bucal de la abeja, y que normalmente no alcanza una presencia suficiente como para poner en peligro la colonia. Se agarra al pelo que las reinas y las abejas tienen en el tórax, y se alimenta de ellas. Por ello, el marcaje de la reina es un instrumento útil a la hora de evitar que el piojo se aproveche de ella. Si se produce una colonización importante, habrá que combatirlo con productos especiales a base de menta y eucalipto. El viejo método del tabaco debe considerarse superado.

LA ACARIASIS DE LA TRÁQUEA (*ACARAPIS WOODI*)

La *Acariasis woodi* fue detectada por primera vez en la isla de Wight, a principios de 1900, y en la actualidad se encuentra difundida por todo el mundo. Tiene un tamaño muy pequeño (1-2 décimas de mm de longitud), penetra en la tráquea de la abeja y allí pone los huevos, que proliferan rápidamente. Roe las alas de la abeja por la parte interior, lo que provoca su caída y, en consecuencia, la muerte del insecto. Estos ácaros penetran en la tráquea de la abeja que todavía no ha cumplido el décimo día de vida, puesto que a partir de ese momento los pelillos de la entrada de la tráquea se endurecen e impiden su penetración. El ciclo reproductor del ácaro es de unas tres semanas y, si la infección es de cierta entidad, la colonia corre un grave peligro. Si el problema pasa desapercibido durante la estación propicia, en la que el recambio de abejas se produce rápidamente, la infección no dará señales de vida hasta el otoño y, sobre todo, en la primavera siguiente, cuando, al reincorporarse al trabajo, muchas abejas no puedan emprender el vuelo. Si hiberna una colonia en la que la mitad de las abejas está afectada, la familia está condenada a muerte. Para combatir la acariasis de la tráquea, se utilizan productos que han dado buenos resultados: el líquido de Frow, usado también contra la *Braula coeca*, que despide un olor tan penetrante que las propias abejas no se reconocen entre sí, lo que favorece el saqueo; por eso, se usa en otoño, cuando la predisposición al saqueo es menor; el papel sulfurado, el PK y el Acar control. Por regla general, se trata de productos prefabricados cuyo uso varía según el principio activo y la preparación de la marca fabricante. Estos preparados llevan siempre una hoja de instrucciones.

La acariasis de la tráquea es, en la actualidad, un problema de menor envergadura que en el pasado, puesto que los tratamientos antivarroa han logrado combatir estos ácaros.

EL SAQUEO

El saqueo se produce entre colonias de abejas y consiste en que la familia más fuerte se aproveche de la familia más débil.

Esto puede ocurrir de forma evidente, es decir, con gran movimiento de abejas y luchas entre las invasoras y las invadidas, o bien de manera oculta, esto es, con la captura de las reservas por parte de un número de abejas saqueadoras y sin lucha.

El saqueo puede producirse de forma natural, y así suele ocurrir en el segundo caso, en el que se deja a

Panal después de un violento saqueo

la familia saqueada en buen estado pero sin reservas alimenticias. Por otro lado, el saqueo puede ser el resultado de una mala organización del apicultor, lo que provoca una auténtica guerra abierta que puede significar la desaparición de la colonia atacada. Los errores más comunes que pueden inducir al saqueo son:

— nutrición líquida con jarabes perfumados (a base de miel) administrada en las horas caldeadas de la mañana;
— intervención con la colmena abierta durante demasiado tiempo, permitiendo que las abejas vecinas se aprovechen de la circunstancia;
— alternancia de colmenas fuertes y débiles sin efectuar las pertinentes «igualaciones» de las familias.

Los periodos en los que el saqueo es más frecuente son los meses de verano, durante los cuales las reservas nectaríferas son menores, el número de abejas en cada colonia es máximo y en su grado más alto de expansión, y el calor acentúa el aroma de las colmenas, además de incrementar la agresividad de las abejas.

El mejor sistema para combatir el saqueo es prevenirlo, actuando de manera que no haya colonias débiles, administrando el alimento sólo por la tarde y abriendo las colmenas en las horas más frescas. En caso de saqueo, el único remedio pasa por reducir la entrada de la colmena, de manera que las abejas se puedan defender mejor ante un eventual ataque (hay en el mercado rejillas antisaqueo que cumplen esta función). En los casos de mayor gravedad, se recomienda cerrar la colmena y colocarla en otro lugar. Si no es posible hacerlo, hay apicultores que han adoptado el método de invertir la posición de la colmena agredida con la de la colmena agresora. De este modo, se detiene el saqueo y, al mismo tiempo, se igualan las familias. Sin embargo, esta técnica no siempre da resultado, lo que puede complicar aún más la situación.

HAMBRE, FRÍO Y ENVENENAMIENTO

El hambre y el frío son dos peligros que a menudo aparecen relacionados entre sí: de hecho, a un invierno largo y frío suele sucederle una primavera en la que las abejas sufren la carencia de las reservas necesarias para reanudar su ciclo «productivo». Esto se debe a una estación verdaderamente inclemente, o bien a un cálculo equivocado del apicultor al provocar que hibernen familias con pocos recursos alimenticios. La prevención del problema pasa por conseguir que hibernen únicamente las familias que posean miel en cantidad (nunca menos de siete panales llenos), a la que añadiremos la confitura y jarabes diversos. No es habitual que el frío suponga, por sí mismo, un problema para colonias que cuentan con reservas: al descender la temperatura, se produce un mayor consumo de

La alimentación de sostén se efectúa con candy*: aquí se puede ver una fase de la preparación casera de un buen alimento sólido*

miel. Más graves son, en cambio, los envenenamientos causados por pesticidas: en caso de producirse, no hay remedio para la colonia afectada. Únicamente podemos recurrir al traslado de las colmenas lejos de la zona donde una agricultura intensiva implique el uso de pesticidas. Aunque existen muchos tipos de pesticidas que, si se aplican correctamente, no crean problemas, el uso abusivo que hacen de ellos algunos agricultores convierte en nocivos productos que no deberían serlo. Un síntoma inequívoco de envenenamiento es la presencia de abejas muertas a la puerta de la colmena (con aspecto, en cambio, joven y sano), además de una extraña inquietud de las abejas guardianas, que intentan impedir la penetración de las recolectoras afectadas en la colmena. Si la intoxicación no ha causado la muerte de toda la familia, aún podemos salvarla (a pesar del daño enorme en el desarrollo de la colonia y en sus posibilidades de cosecha) trasladándola a otro lugar. Para conjurar esta amenaza, sería deseable que agricultores y apicultores se pusieran de acuerdo entre ellos. Desgraciadamente, todavía existen agricultores que creen que las abejas «arruinan sus cosechas», ignorando que ocurre exactamente al revés.

LA NOSEMIASIS (*NOSEMA APIS*)

Es una enfermedad bastante superada y que, a pesar de todo, causa daños ingentes a la apicultura, sobre todo en las regiones con inviernos largos y otoños húmedos. La provoca un protozoo, el *Nosema apis*, que ataca al intestino de la abeja, donde se reproduce y propaga por medio de esporas a través de las heces que, recogidas por otras abejas, permiten que la infección se extienda a toda la colmena y, en poco tiempo, a todo el colmenar. Los síntomas principales son:

— abejas con el abdomen hinchado;
— excrementos en el interior de la colmena;
— diarrea acuosa;
— alta mortalidad de abejas en primavera;
— dificultad motora del individuo afectado;
— renovación espontánea de las reinas en primavera.

Si se detectan estos síntomas, hay que realizar un análisis microscópico que certifique la presencia de esporas del nosema. En caso contrario, podríamos enfrentarnos a diarreas muy graves derivadas de las malas condiciones de la colmena (humedad), de reservas estropeadas y de un encierro prolongado.

Una higiene continuada de la colmena, una alimentación basada en productos sanos y una buena ventilación de la colmena bastarán para reconducir la situación en poco tiempo.

En caso de detectarse un nosema, hay que intervenir.

Si se trata simplemente de una familia afectada de forma ligera, será suficiente con trasladarla a una colmena desinfectada y proceder a la sustitución de las reservas.

Además, podemos administrar una alimentación suplementaria con extracto de encina.

En caso de infección grave, sobre todo si en un colmenar de varias colmenas hay varias afectadas, se debe eliminar a las familias que han resultado infectadas y, a continuación, proceder a la desinfección de todo el material con los productos que existen a tal efecto en el mercado.

La prevención consiste en poseer siempre:

— familias fuertes;
— reservas sanas;
— colmenas bien ventiladas;
— reinas jóvenes;
— favorecer, en su caso, la deposición de huevos con alimentación complementaria.

La enfermedad se presenta en primavera y tiende a «desaparecer» durante la estación templada, para reaparecer después con mayor virulencia durante los años sucesivos; por ello, hay que intervenir y, tras ejecutar todas las operaciones apuntadas, mezclar fumagilina (método quimioterapéutico: Fumidil B) con un jarabe azucarado para disimular su mal sabor. Un error típico consiste en aplicar tratamientos preventivos, lo que no sólo es inútil sino que puede incluso ser perjudicial, pues no eliminamos el problema sino que lo retrasamos un poco.

LA LOQUE EUROPEA

La loque europea es una enfermedad de la nidada que la ataca en su estado inicial y la pudre en su estado final. Se debe a una serie de bacterias que se combinan de modos diversos, pero que tienen siempre las mismas consecuencias. Cinco de estos microorganismos suelen encontrarse con frecuencia en las larvas infectadas: *Streptococcus pluton White*, *Achromobacter eurydice White*, *Bacillus alvei Cheshire* y *Cheyne*, *Streptococcus faecalis*, *Andrews* y *Horder*, *Bacillus laterosporus Laubach*.

La loque europea es una enfermedad típicamente intestinal que se contrae a través de la ingestión de heces contaminadas. Afecta a la nidada desoperculada, preferentemente a las larvas de entre 3 y 5 días de vida. La larva afectada muere casi siempre antes de la operculación, o como máximo un par de días después de la operculación.

La sintomatología varía según los casos:

— nidada ácida de color amarillento;
— nidada con larvas redondas y flácidas;
— nidada podrida aunque no filamentosa;
— nidada con larvas licuadas;
— nidada con larvas de color opaco;
— nidada con larvas en posiciones extrañas (en espiral, curvadas).

El diagnóstico de la enfermedad puede realizarse de

forma segura observando el intestino de algunas larvas afectadas al microscopio y localizando los gérmenes responsables. Para un diagnóstico general en el campo, observaremos irregularidades en la nidada, larvas muertas o, en los casos más graves, cierto olor de putrefacción (si las larvas afectadas han muerto).

La enfermedad aparece generalmente en la época de las grandes recolecciones y parece preferir las primaveras frías y lluviosas. En ciertas situaciones, así como ante una cantidad pequeña de larvas afectadas, tiende a desaparecer por sí misma al concluir la estación templada. Una familia débil y mal cuidada incide en el desarrollo de la loque, así como una alteración brusca de la relación entre abejas adultas y nidada debida a múltiples factores (frío intenso e imprevisto, envenenamiento por fitofármacos, mala gestión del apicultor...).

La propagación de la loque europea se produce a través del material infectado: panales, miel, abejas, nodrizas... Allí donde se haya alojado la nidada afectada, durante al menos 3 años seguiremos encontrando microbios activos.

Aunque la virulencia de la loque europea no es tan grave como la loque americana, es recomendable que, si hay colmenas muy afectadas junto a otras sanas, quememos todas las familias infectadas.

Por el contrario, frente a una infección poco «importante» podemos tratar de recuperar la colonia:

- eliminación de todos los panales con nidada infectada;
- traslado a una colmena desinfectada con uno de los múltiples productos que hay en el mercado;
- eliminación de reservas excesivas;
- alimentación de sostén integrada con uno de los productos que se encuentran en el mercado (antibióticos, sulfamidas), entre los cuales debemos destacar los compuestos que contienen estreptomicina, terramicina y eritromicina;
- segundo traslado a la colmena desinfectada y eliminación de los panales viejos.

Con estas operaciones, sin embargo, nunca estaremos seguros de haber erradicado la enfermedad, por lo que corremos el riesgo de que reaparezca en la próxima estación. Por ello, el consejo que suele darse en estos casos es que hay que procurar eliminar, siempre que sea posible, todo el material infectado.

El sistema más seguro es el de la formación de enjambres, eliminando todos los panales y recogiendo las abejas en colmenas diferentes y desinfectadas a fondo, provistas de panales nuevos. A continuación, se administrará una alimentación complementaria y alguno de los productos indicados.

Se debe prestar mucha atención para evitar la

propagación de la enfermedad por todo el colmenar al utilizar herramientas y utensilios «contaminados», por lo que se deben desinfectar escrupulosamente.

Un error que, por desgracia, cometen a menudo los apicultores inexpertos y poco informados es el de realizar tratamientos preventivos. El uso continuado de antibióticos y sulfamidas puede provocar que los gérmenes desarrollen una inmunidad a estas sustancias, lo que nos privaría de nuestro único recurso defensivo. De hecho, las esporas bacterianas no llegan a morir con estos tratamientos, por lo que siempre existe el riesgo de que se produzcan posteriores recaídas.

Si debemos combatir un caso de loque europea, el periodo de tratamiento depende del grado de desarrollo de la enfermedad, así como del producto utilizado. Normalmente, suele detectarse en la estación cálida y de recolección, y cesa en otoño. Al año siguiente, tendremos que examinar con atención las instalaciones para evitar una recaída. Para ello, hay que observar todos los principios de una correcta organización de la colmena.

LA LOQUE AMERICANA

Mucho más letal y grave que la europea, la loque americana es la enfermedad de la nidada más temida por los apicultores. Está causada por el *Bacillus larvae White*, que se caracteriza por disponer de unas esporas muy resistentes: no temen ni al frío ni al calor, al sol o a la sequía, hacen

LOQUE AMERICANA Y LOQUE EUROPEA

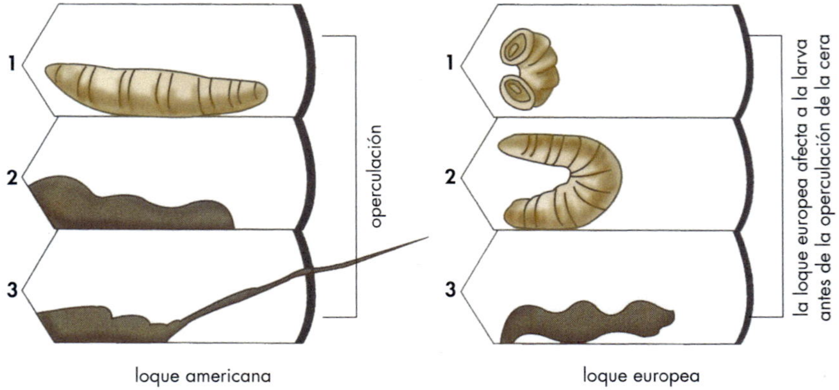

1. Larva normal operculada
2. Larva en descomposición
3. La celda, si se agujerea con un palillo, nos muestra la larva descompuesta y filamentosa

1. Larva normal (sana)
2. Larva enferma: su posición en la celda nos permite deducir que no se desarrolla con normalidad
3. Larva muerta y desecada: no se adhiere a la cera y no es filamentosa

frente a los desinfectantes y resisten en los panales durante más de treinta años en plena vitalidad y virulencia.

La loque americana se transmite por vía bucal, cuando las larvas reciben un alimento que contiene esporas. La enfermedad afecta a las larvas muy jóvenes (1-2 días), pero muestra sus efectos en la nidada operculada. La loque americana presenta una evolución muy uniforme, con aspectos macroscópicos evidentes:

— nidada no uniforme, con celdas operculadas y abiertas;
— opérculos de las celdas con larva afectada muy oscuros, hundidos, cóncavos y con agujeros;
— olor fétido en los casos de enfermedad muy extendida y en avanzado estado;
— las larvas son filamentosas y tienen un color pardo oscuro (la prueba de la varilla filamentosa de una celda que, en el momento de la extracción, arrastra un filamento maloliente y marronoso nos confirmará que nos encontramos ante un caso de loque americana y no europea).

El diagnóstico en el laboratorio es sencillo si se realiza un análisis microscópico de una larva muerta; en el campo, y en casos extremos, también resulta muy simple, puesto que el olor pútrido y los filamentos que hemos mencionado denuncian la presencia de la enfermedad. Entre los factores que pueden determinar la aparición de la loque americana, citaremos algunos, aunque ninguno es determinante:

— mala alimentación;
— debilidad general de la familia;
— material envejecido;
— evolución estacional contradictoria.

La loque americana se propaga rápidamente y, por ello, hay que tener siempre bajo control a las colmenas.

Aunque hay quien sostiene que existe la posibilidad de curarla, hoy en día se ha demostrado que no es así, y que las colonias afectadas deben ser destruidas; además, es recomendable eliminar también las colmenas y todos los materiales que puedan haber sido infectados. El motivo es que la desinfección de las esporas de *Bacillus larvate* resulta casi imposible con los medios de que dispone un apicultor corriente.

La destrucción debe producirse al atardecer, cuando todas las abejas de la colonia infectada estén en el interior de la colmena. Se procede como sigue:

— se cierra la colmena y se sella;
— se hace un hoyo en la tierra y se introduce la colmena;
— abriendo la tapa cubrepanales, que con sus tres posiciones permite que pase el aire sin que puedan salir las abejas, se procede a eliminarlas con un aerosol o vertiendo por encima un mínimo de medio litro de gasolina;

— transcurrida una media hora, cuando se haya hecho de noche y las abejas estén quietas, se rocía la colmena con un poco de gasolina u otro líquido inflamable y se prende fuego;
— los restos deberán ser cubiertos con un mínimo de 30-40 cm de tierra para evitar que, durante los días siguientes, las abejas de otras colonias puedan hurgar en su interior.

Todos los utensilios que puedan haber estado en contacto con la miel o la cera contaminadas por esporas de loque americana deberán ser desinfectados y lavados varias veces con un producto adecuado o con alcohol.

No se debe reutilizar la miel producida por la familia afectada por loque americana, ya que en ese caso todo el colmenar resultaría infectado. Sin embargo, no hay nada que impida su consumo humano.

Una variedad que se considera intermedia entre la loque americana y la europea se denomina *paraloque*, y está provocada por un bacilo muy similar a *Bacillus alvei (Bacillus paraalvei Burnside-Forster).* Se trata de una forma rarísima que se acerca más a la loque europea que a la americana. Algunos estudiosos sostienen que, en realidad, es una variedad de la europea. Sólo en su versión más virulenta puede confundirse con la loque americana, y como tal debe tratarse. En las formas más habituales se manifiesta y combate como la europea.

EL MAL DE MAYO

El mal de mayo es una alteración compleja del metabolismo de las abejas debida a elementos etológicos no definidos que conlleva la mortalidad más o menos numerosa de la familia afectada. Suele presentarse a principios o finales de la primavera, y puede depender de la evolución vacilante de la estación, de un invierno rígido, de alimentos en mal estado, etc. Los síntomas son comunes a los de otros problemas intestinales:

— incapacidad de volar;
— abdomen hinchado y untuoso;
— principio de parálisis.

La enfermedad suele desaparecer de manera espontánea y no ocasiona graves problemas. Si decidiéramos intervenir, podemos trasladar la colonia a una colmena desinfectada, proporcionándole una abundante dieta líquida (1 parte de azúcar y 3 de agua) con adición de ácido fórmico en una proporción de 1/2 cucharadita por cada litro de jarabe. Otra cura posible consiste en alimentarla con jarabe de glucosa (en una proporción de 1:3) en la que se mezclan hierbas aromatizadas en infusión, como salvia, romero o tomillo.

EL MAL NEGRO O MAL DEL BOSQUE

Cuando hablamos de mal negro o mal del bosque no nos referimos a un estado patológico, sino a un grupo de manifestaciones morbosas que tienen en común algunos aspectos macroscópicos que, no obstante, son típicos también de otras enfermedades, como la nosemiasis, la intoxicación, la acariasis, etc.

Las abejas afectadas presentan un color oscuro, un cuerpo brillante y sin vello, envejecimiento precoz e incapacidad para trabajar.

Las causas de estos males son múltiples, y diversas son también sus soluciones:

— algunas formas parecen derivar de mutaciones genéticas, que llevarían a la muerte de la colonia si no se interviene sustituyendo a la reina;
— algunas formas, muy ligeras, son pasajeras y desaparecen por sí mismas;
— más específica es la etología del mal del bosque, que se debería al exceso de recolección de melaza con su consiguiente consumo abundante: al ser esta una sustancia más rica en proteínas que la miel, aunque no en cantidad suficiente, las abejas, marginando la recolección de polen que sí contiene la cantidad adecuada para su subsistencia, manifiestan carencias proteínicas.

Dada la naturaleza y la complejidad de estas enfermedades, es obvio que no resulta fácil establecer los medios por los que se propagan, con la consiguiente vacilación en la mejor manera de combatirlas y prevenirlas.

Digamos que las operaciones más sensatas frente a una infección de gran envergadura pasan por la sustitución de la reina, la eliminación de los panales con reservas antiguas y una buena alimentación de mantenimiento (algunos autores creen que debe administrarse también una sulfamida o un antibiótico). Una organización racional del colmenar será siempre un factor de profilaxis, tanto frente a estas como a otras enfermedades.

Un consejo que suele darse a menudo a quien dispone de un colmenar numeroso y padece una infección de esta clase es eliminar la colonia afectada para evitar la posibilidad de un contagio generalizado.

LA NIDADA PETRIFICADA

La nidada petrificada es una micosis debida a *Aspergillus flavus*. Muy similar a la nidada calcificada, provocada por *Ascosphaera apis*, presenta algunas características que la distinguen de esta última. Se trata de dos micosis diferentes, pero que, para el apicultor, manifiestan síntomas bastante parecidos, y por ello las tratamos conjuntamente.

Los síntomas macroscópicos evidentes y comunes son los que muestra la nidada que pierde poco a poco su brillo: el blanco de las larvas afectadas tiende a amarillear y mueren progresivamente, volviéndose duras y friables: gris verdoso por lo que se refiere a *Aspergillus flavus*, y blancuzca por lo que respecta a *Ascosphaera apis*. En el caso de la nidada petrificada, además de a la nidada puede afectar también a las abejas adultas; en el caso de la calcificada, en cambio, sólo afecta a la nidada. Dado que las abejas adultas infectadas mueren lejos de la colmena, es bastante difícil detectar la micosis activa hasta que se manifiesta en las larvas. Las abejas enfermas de aspergilosis no muestran cambios evidentes que puedan indicarnos su estado. Dado que no existen productos específicos que ayuden a combatir la micosis de las abejas, es aconsejable prevenirla con una buena organización del colmenar, respetando ciertos factores que podrían propiciar su desarrollo:

— colmena poco ventilada;
— colmena vieja y húmeda;
— familia débil;
— reservas alimenticias escasas o en mal estado;
— panales envejecidos;
— reinas poco activas o debilitadas;
— uso inadecuado de antibióticos y sulfamidas.

En caso de aparición de micosis, se debe intervenir de diferente manera en función de la intensidad del problema. Si la micosis ha afectado únicamente a unas pocas celdas y el estado general de la familia es bueno, bastará con eliminar los panales que contienen las celdas enfermas y, en caso de necesidad, trasladar la colonia a una colmena desinfectada a fondo. Si, por el contrario, la colonia presenta una micosis muy extendida, aunque no grave, y el número de abejas adultas afectadas es bajo, podemos formar enjambres y eliminar el material infectado. En cambio, si la infección es muy grave, cosa que descubriremos porque afecta a la mayor parte de la nidada y muchas abejas muestran unos pelillos blanquecinos (en el caso de la nidada petrificada), habrá que proceder a la eliminación de la colonia afectada. Además, se tendrán que desinfectar todos los utensilios con productos específicos antes de que se vuelvan a utilizar.

La micosis del polen, que es otra variedad que afecta a las colmenas y que se afronta como si fuera una micosis normal, está provocada por *Ascosphaera alvei*, que ataca el polen y origina hongos que lo recubren de una pelusilla de color blanco amarillento. Si la micosis afecta a todas las reservas de la colmena, puede causar la muerte de la colonia por falta de aporte proteico, sobre todo en invierno, cuando el apicultor no puede intervenir. La eliminación de los panales afectados y la hibernación de las familias fuertes, con reservas abundantes, atajarán el problema.

LA NIDADA EN BOLSA

La nidada en bolsa es una enfermedad de la nidada provocada por un virus que, por suerte, no es muy resistente ni a las altas temperaturas ni a la luz solar. Por ello, la virulencia de la enfermedad no suele comportar grandes problemas. El virus suele afectar a las larvas a través de la alimentación y, normalmente, acaba con ellas en cinco o seis días. El síntoma que denuncia la nidada en bolsa es la presencia de crías muertas en medio de crías sanas; suelen aparecer crías muertas mucho después de la operculación, componiendo un opérculo en forma de flor. Aun así, la larva no se pudre, a diferencia de lo que ocurre con la loque; por tanto, la podemos extraer de la celda y apreciar el color amarillento y la forma de bolsita que tiene, con hinchazón del abdomen, de donde viene el nombre de la enfermedad. Con el tiempo, la larva se seca y las abejas la expulsan de la colmena. En casos leves, puede ocurrir que la enfermedad desaparezca sin que apenas se hayan notado sus efectos. En casos de infección grave, evitaremos el riesgo de un contagio generalizado formando un enjambre con la colonia afectada o eliminando los panales infectados. La prevención de la enfermedad implica, como es habitual, una apicultura racional y una buena higiene de los panales y las colmenas. En todo caso, siempre es preferible sustituir a la reina, puesto que suele ser la responsable directa del origen y la propagación de la enfermedad. De hecho, es posible que ciertas cepas sean más susceptibles de padecerla que otras, lo cual se demuestra por el hecho de que en un mismo colmenar sólo ciertas colonias se vean afectadas por la enfermedad.

LA AMEBIASIS

Es una enfermedad causada por protozoos que afectan a la abeja adulta y que tiene un desarrollo muy lento, pero mortal para el individuo afectado. Los síntomas son: despoblación gradual de la

TIPO DE VIRUS	SIGLAS	EFECTOS
virus de la parálisis crónica	CPV	parálisis, imposibilidad de volar, mal negro o del bosque
virus de la parálisis aguda	APV	parálisis y mortalidad de la nidada (sobre todo en presencia de varroa)
virus X	BVX	amplifica los efectos de la amebiasis
virus de la celda real negra	BQCV	muerte de las crisálidas de abeja reina, amplificación de los efectos de la nosemiasis
virus filamentoso	PV	amplificación de los efectos de la nosemiasis
virus Y	BVY	amplificación de los efectos de la nosemiasis
virus de las abejas deformes	DWV	deformidad de las abejas recién nacidas (casi exclusivamente en presencia de varroa)

colonia, diarrea y dificultad de vuelo de las abejas afectadas. En general, es muy parecida al nosema y se manifiesta por las mismas épocas y con las mismas condiciones. Sin embargo, hay una gran diferencia entre el rápido desarrollo del nosema y la lentitud de la amebiasis, por lo que parece probable que la aparición de la amebiasis en una estación se deba a una evolución desfavorable de la estación anterior: por ejemplo, un verano muy lluvioso podría provocar, en la siguiente primavera, la aparición de esta patología. La prevención de la enfermedad se basa en los hábitos normales de un apicultor riguroso:

— colmenas fuertes;
— colmenas bien ventiladas;
— reservas abundantes y en buen estado;
— reinas jóvenes y activas;
— higiene y limpieza de los panales.

La enfermedad exige el diagnóstico de un laboratorio. Desgraciadamente, no se conocen remedios específicos. Se recomienda la formación de enjambres y la desinfección de las colmenas que han alojado abejas afectadas, así como una buena alimentación, tal vez enriquecida con vitaminas del grupo B. La destrucción de la colonia sólo será necesaria en casos gravísimos.

LAS VIROSIS

Hemos visto ya algunas enfermedades específicas de las abejas que se pueden atribuir a virus. Lo que pretendemos ahora es observar cómo, ante la aparición del varroa, un peligrosísimo parásito, se verifica una notable expansión de las enfermedades de origen vírico.

Si se cuida correctamente la colmena y se lucha seriamente contra el varroa, las virosis serán menos graves y menos peligrosas, pero no por ello menos temibles.

En la tabla de la página anterior se mencionan algunos virus y sus principales efectos.

LA SEPTICEMIA

Al hablar de septicemias bacterianas, nos referimos a todas aquellas formas de infecciones que pueden afectar al sistema endocrino de las abejas. Estas infecciones se manifiestan como patologías específicas de la abeja o la colonia, o bien como complicaciones de otras enfermedades. En ese caso, su peligrosidad aumenta.

Las bacterias se infiltran en el sistema hemolinfático, se reproducen a gran velocidad y pueden acarrear en pocos días la muerte del individuo afectado. Una de las bacterias más peligrosas es el *Bacillus apisepticus*, cuya virulencia depende de la humedad del ambiente.

Los síntomas son numerosos y se relacionan con los manifestados por otras enfermedades:

— abejas intranquilas;
— imposibilidad de volar;
— pérdida de las alas;

Varroas adultos «panza arriba»

Comparación de una abeja sana con dos recién nacidas afectadas por el varroa

— abdomen hinchado;
— hemolinfa de color leche, aunque límpida, como ocurre en la *ricketiosis*, enfermedad causada por agentes patógenos que se encuentran entre las bacterias y los virus, que provoca el acortamiento de la vida del insecto y una desgana que se deja sentir en la producción.

Para establecer un diagnóstico adecuado de las septicemias bacterianas, es preciso recurrir al examen en el laboratorio. No se aconseja intervenir con antibióticos, pues aunque pueden acabar con la septicemia, también amenazan la vida de la colonia. El comportamiento correcto es tratar de prevenir a toda costa la aparición de esta bacteria mediante la organización correcta de la colmena. En caso de detectar la extensión notable de la infección entre las abejas de una colonia, se recomienda eliminarla para impedir que se propague por todo el colmenar.

LA VARROASIS (*VARROA JACOBSONI*)

Junto a la loque, la varroasis es el peor enemigo de las abejas en la actualidad, hasta el punto de que es la primera causa de mortalidad entre las colonias de nuestros apicultores.

Se trata de una enfermedad parasitaria de las abejas adultas provocada por *Varroa jacobsoni*, un pequeño ácaro reconocible a simple vista y detectado por Jacobson en la isla de Java en 1904. Allí, el varroa convivía como parásito con *Apis cerana*, a la que, al menos aparentemente, no causaba graves daños. Su expansión se produjo de forma progresiva y constante hasta llegar, de manera casi imperceptible, a Europa, donde no ha dejado de crear problemas desde los años setenta. Hoy en día, y desde hace unos diez años, se la considera el enemigo número uno contra el que se combate en todo el mundo, a excepción de Oceanía, donde todavía no ha llegado (o por lo menos, de manera alarmante).

Vayamos por orden y empecemos por conocer cómo está formado el varroa: se trata de un ácaro perteneciente a la familia de los arácnidos. La hembra tiene el cuerpo ovalado y membranoso, de color rojo vivo con reflejos dorados. El dermoesqueleto está dotado de un sistema de cerdas que le permiten adherirse y camuflarse entre el vello de la abeja. Tiene cuatro pares de patas cortas y rechonchas, terminadas en ventosa y colocadas en la parte anterior. Entre los dos grupos de patas, tiene el aparato bucal, en posición ventral, que acaba en dos «tenazas» puntiagudas con las que el varroa succiona la hemolinfa de la abeja. El macho, más pequeño y de color blanco, no puede alimentarse por sí mismo, por lo que muere tras haberse apareado con las hermanas nacidas en el interior del nido operculado.

Normalmente, el varroa femenino adulto vive, durante el

DESARROLLO DEL VARROA

DINÁMICA DE DESARROLLO EN UNA NIDADA DE OBRERAS

días	0-20	20-40	40-60	60-80	80-100
			 ∞3 ∞2	∞3 ∞2 ∞5 ∞3	∞5 ∞3 ∞8 ∞5
número de varroas	de 1 a 2	de 2 a 3	de 3 a 5	de 5 a 8	de 8 a 13
días	100-120	120-140	140-160	160-180	180-200
	∞8 ∞5 ∞13 ∞8	∞13 ∞8 ∞21 ∞13	∞21 ∞13 ∞34 ∞21	∞34 ∞21 ∞55 ∞34	∞55 ∞34 ∞89 ∞55
número de varroas	de 13 a 21	de 21 a 34	de 34 a 55	de 55 a 89	de 89 a 144

DINÁMICA DE DESARROLLO EN UNA NIDADA DE ZÁNGANOS

días	0-20	20-40	40-60	60-80	80-100
			∞5 ∞2 ∞12 ∞5	∞12 ∞5 ∞29 ∞12	∞29 ∞12 ∞70 ∞29
número de varroas	de 1 a 3	de 3 a 7	de 7 a 17	de 17 a 41	de 41 a 99
días	100-120	120-140	140-160	160-180	180-200
	∞70 ∞29 ∞169 ∞70	∞169 ∞70 ∞408 ∞169	∞408 ∞169 ∞985 ∞408	∞985 ∞408 ∞2.378 ∞985	∞2.378 ∞985 ∞5.741 ∞2.378
número de varroas	de 99 a 239	de 239 a 577	de 577 a 1.393	de 1.393 a 3.363	de 3.363 a 8.119

Varroa fértil Varroa virgen

final del otoño y el invierno, cuando no se reproduce, encaramado sobre el cuerpo de las abejas adultas, incrustado entre los segmentos de las paredes ventrales del abdomen. Cuando empieza el periodo reproductivo de las abejas, el varroa inicia a su vez el suyo, introduciéndose en las celdas con larvas que están a punto de ser operculadas; en cuanto la larva empieza a tejer su capullo, el ácaro pone los huevos, que varían en número según las estaciones. Los huevos eclosionan a las 24 horas, si bien, antes de ser insectos completos, atraviesan diversas fases que llevan a la hembra a la madurez en 18 días, y al macho, en 6 o 7. En el interior de las celdas operculadas se produce el apareamiento; por eso, en cuanto nacen las abejas (que serán deformes y raquíticas, puesto que los varroas las han consumido) tendremos nuevos varroas listos para reproducirse a su vez.

En la tabla de la página 143 se muestra cómo el varroa se reproduce mejor en las nidadas de zánganos, que tienen un periodo de incubación más largo y que, por tanto, permiten un desarrollo mejor de las hembras de varroa que las nidadas de obreras.

El gráfico inferior muestra cómo, en unas condiciones óptimas de desarrollo, partiendo de un único varroa, se puede llegar en cuatro años a la pérdida total de la colonia.

Cuando una familia es infestada por este parásito y los ácaros son numerosos, la destrucción tiene lugar en menos tiempo. Por eso no es posible intervenir para ayudar a las abejas que no tienen capacidad para luchar ellas solas contra el parásito (al menos en lo que respecta a *Apis mellifica*; de hecho, *Apis cercana* es más combativa y logra expulsar ella sola por lo menos el 70 % de los parásitos).

INFESTACIÓN DE VARROAS

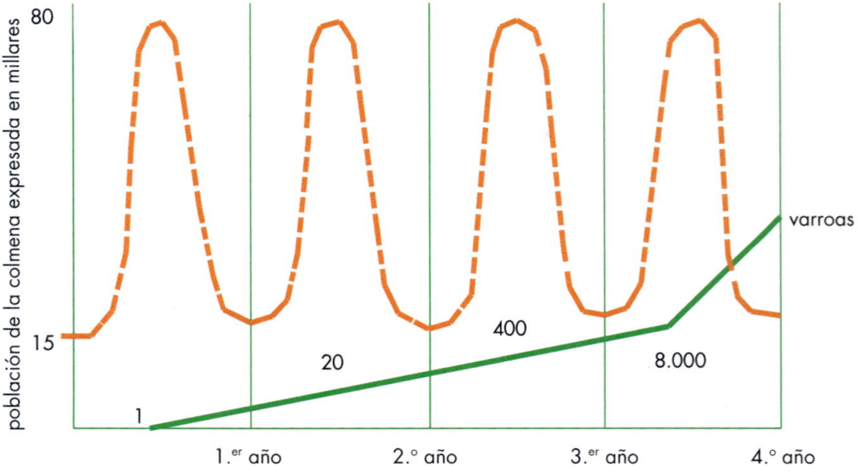

LA PUESTA DE HUEVOS DEL VARROA

El varroa practica un método de puesta perfecto; de hecho, deposita en la celda colonizada un huevo cada treinta horas: el primero dará lugar a una hembra; el segundo, a un macho; el tercero y los siguientes, a hembras. Eso garantizará que, por breve que sea el ciclo hasta que eclosionan los huevos de las abejas, por lo menos una hembra resultará fecundada. Sin embargo, a veces el varroa pone primero dos huevos que producirán hembras, y luego el que proporcionará el macho. De este modo, al final del ciclo de eclosión, habrá por lo menos dos varroas fecundadas.

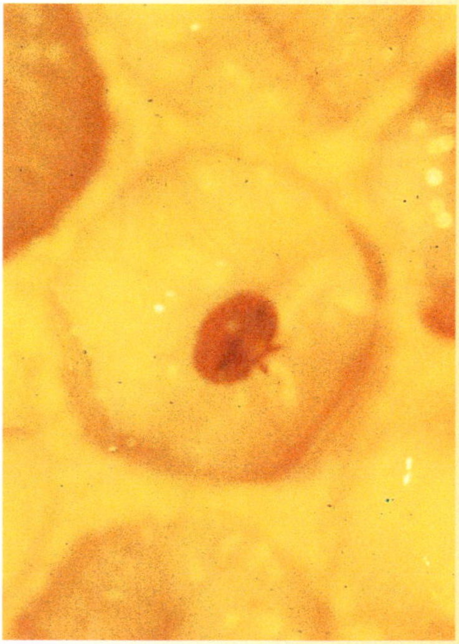

Varroa en una larva

La vida media de un varroa adulto es de 9-13 semanas durante el periodo reproductivo, y de 6-8 meses durante el periodo de inactividad.

La infestación de varroas puede también conllevar infecciones septicémicas y, en general, al disminuir el vigor de la colonia, puede favorecer todas las enfermedades que se relacionan con estos parásitos.

Los varroas se propagan rápidamente, en parte gracias a su «nomadismo», y una vez que han infestado una colmena, en muy

DENOMINACIÓN	PRINCIPIO ACTIVO	MODO DE EMPLEO
Amitraz	Triazapentadina	Aerosol, fumigación, atomizador
Apitol	Cymiazol clorhidrato	Sistemático
Folbex Va	Bromopropilato	Fumigación
Apistan, Klartan, Mavrik	Fluvalinato	Sistemático
Ácido fórmico	Ácido fórmico	Vapores
Ácido láctico	Ácido láctico	Aerosol
Ácido oxálico	Ácido oxálico	Vapores
Perizin	Coumaphos	Sistemático
Bayvarol	Flumetrina	Sistemático
Apivar	Timol	Pulverizador

Dos formas de utilizar los productos contra el varroa

poco tiempo todo el colmenar resultará también infestado.

Hoy en día, el diagnóstico es sencillo: utilizando productos específicos, se logra provocar la «caída» de varroas a la bandeja inferior, momento en el que se debe proceder a aplicar el tratamiento propiamente dicho. Un ojo experto puede, además, diagnosticar la infección observando a las abejas, o bien reconociendo algún ejemplar sin alas, con el abdomen roto o el cuerpo deforme, e incluso examinando el estado de las celdas a punto de ser operculadas. Los varroas adultos se reconocen a simple vista, ¡aunque hay que saber lo que se está buscando! Durante los primeros años de la infección, muchos apicultores han confundido el varroa con *Braula coeca*, que posee un color similar pero sólo dispone de tres pares de patas a cada lado del cuerpo. En la actualidad, estos errores ya no se producen, porque el varroa es perfectamente conocido por todos.

Para combatir el varroa existen diversos sistemas: los más eficaces son tratamientos con productos químicos, pero no hay que olvidar que la denominada «lucha integrada» es la biomecánica. A continuación, examinaremos las posibilidades actuales de esta lucha.

Empecemos consultando en la tabla de la página 145 los productos utilizados contra el varroa, subrayando que su eficacia depende de su uso correcto, especificado por el fabricante y que nunca debe modificarse por los consejos de supuestos expertos a los que se deben múltiples desgracias. Todos estos productos obtienen resultados apreciables en la lucha contra el varroa, pero también tienen algún punto débil.

Examinaremos ahora el modo de uso de cada uno, recordando que cada producto debe utilizarse retirando antes la media alza, para evitar así que la miel se estropee; además, después de cada tratamiento, se deben esperar algunos días (según el producto) antes de reintegrar las abejas a la colmena. La mejor solución es proceder al tratamiento a finales de verano, tras la última cosecha, con objeto de no «contaminar» la miel. Las experiencias más recientes sugieren que hay que utilizar el menor número de tratamientos posibles, pero aplicarlos en las mejores condiciones que indica el producto.

El **Amitraz**, comercializado por diferentes fabricantes de productos medicinales, se utiliza, como indica la tabla, en tres soportes: el atomizador, las fumigaciones y el aerosol. Sin duda, los mejores resultados los proporciona este último, ya que se dosifica correctamente y se distribuye por toda la colonia.

El **Apitol** es un buen producto que se suministra a las abejas disuelto en un jarabe azucarado: 2 g de Apitol por cada 100 ml de jarabe. Se aplica entre los panales con una jeringuilla: se recomienda efectuar la operación en dos fases, con un descanso de 30 minutos, para favorecer la distribución del producto. El inconveniente del Apitol es que se debe aplicar con ausencia de nidada, es decir, en otoño-invierno, para obtener el resultado deseado. Dado que, a menudo, las colonias se tratan en verano, pues la infección de varroa alcanza una cota tal que no se puede retrasar el tratamiento, el uso del Apitol debería repetirse más de una vez, con el consiguiente riesgo para la reina

Caída de los varroas gracias al uso de los productos fitosanitarios

El panal trampa, al tener sólo sitio para las nidadas de zánganos, atrae a los varroas

(además del hecho, ya indicado, de que siempre es mejor reducir la terapia al mínimo posible), así como un aumento del coste.

El **Folbex** es uno de los primeros métodos que se crearon para combatir el varroa. Se trata de un producto que se suministra por fumigación. Es un preparado que se aplica en varillas combustibles, o bien en un recipiente en los cubrepanales o en el cajón del fondo con una red en las colmenas que dispongan de él. Es un método que ha caído en desuso, tanto por los riesgos que se derivan de su uso inadecuado (mortalidad elevada de las reinas, daños irreparables en la miel), como por su dudosa eficacia real. De todos modos, sigue siendo la única técnica que se utiliza cuando la estación está avanzada y no hay nidada en las colmenas. Tiene los mismos problemas indicados para el Apitol.

El **Apistan** (como el **Klartan** y el **Mavrik**) es un sistema que actúa sobre el varroa adulto abatiéndolo. Es el producto que ha gozado de mayor aceptación durante los últimos años. De uso cómodo y muy eficaz, se comercializa en varillas de PVC que se introducen en los panales (normalmente, entre el tercero y el cuarto, partiendo tanto de la izquierda como de la derecha): dos por colonia. Las varillas deben dejarse en el interior de la colmena durante unas seis semanas, lo que permite cubrir al menos dos ciclos de eclosión, lo que le confiere una gran eficacia. La mejor época para utilizar el Apistan es a mediados-finales de agosto y hasta mediados de octubre. Se realiza el tratamiento sin la media alza, y hay que emprenderlo coincidiendo con los ciclos de eclosión que hemos considerado, sin correr el riesgo de una recaída provocada por el continuo trasiego de las abejas. Por ello, las seis semanas indicadas pueden prolongarse hasta un máximo de nueve, cuando el movimiento de las abejas se haya reducido al mínimo (noviembre). De hecho, suele ocurrir que a finales de octubre (incluso antes, en las zonas frías) el varroa concluya su ciclo reproductivo y, por ello, el Apistan pueda cumplir su función de manera efectiva. La única duda que suscita hoy en día este producto es la posibilidad de acabar con cepas de varroa de cierta resistencia. Ello se debe, desgraciadamente, al mal uso que hacen de él apicultores de escasa competencia.

Todavía no se han descrito casos de habituación, pero no hay duda de que, en las estaciones de 1992 y 1993, los resultados obtenidos fueron menos brillantes de lo que fueron las estaciones anteriores. El problema deriva del hecho de que productos como el Klartan, líquido y no en presentación de un solo uso, que «en manos» de profesionales tienen una eficacia comprobada, «en manos» de aficionados pueden causar más daños que beneficios.

El **ácido fórmico** es, sin duda, uno de los nuevos productos que producen mejores resultados. Desgraciadamente, estos resultados conllevan ciertos problemas desagradables. Ante todo, la dificultad de su administración: de hecho, el ácido fórmico debe evaporarse gradualmente en cantidades de unos 10 cc al día, lo que puede no ser fácil, ya que exige condiciones de temperatura constante pero nunca superiores a los 30 °C; en caso contrario, el producto podría dañar gravemente la nidada. El segundo problema es que el ácido fórmico corroe en pocos años todas las partes metálicas de la colmena, obligando al apicultor a un continuo y tedioso mantenimiento.

Sus modalidades de uso son las siguientes: en el agujero del alimentador se coloca el dispensador de plástico, en cuyo interior se coloca una esponjita sobre la que se vierte una dosis de 30 cc de ácido fórmico. Es aconsejable que los tratamientos (2-4 al año) se realicen sin la media alza. Parece comprobado que la eficacia del producto no disminuye al coincidir con el periodo de recolección y, sobre todo, que no contamina la miel por las emanaciones de ácido. Por otro lado, el riesgo de daños a la nidada y a la reina es relativamente bajo; aun así, se trata de un producto que hay que utilizar con cautela.

El **ácido láctico** es, entre los productos para combatir el varroa, el que menos preocupa al hombre desde un punto de vista toxicológico, que lo ingiere habitualmente consumiendo los derivados de la leche. También es un producto óptimo si se utiliza con pericia: a las abejas adultas no les crea problemas, pero, en cambio, puede perjudicar a la nidada. Se diluye en agua destilada a una temperatura de unos 30 °C en solución al 15 % de ácido láctico y una dosis de 5 cm^3 de solución por cada cara del panal. El tratamiento se efectúa rociando las abejas en los panales con un atomizador, tratando de humedecer lo menos posible a la nidada.

Para lograr una disminución significativa de varroa, se calcula que, a finales de verano, se deberán haber aplicado cinco tratamientos con una semana de descanso entre uno y otro.

El uso del **ácido oxálico** da buenos resultados también en otoño, con temperaturas bajas: se mezclan 100 g de ácido oxálico en polvo con 1 kg de azúcar y se disuelve en 1 l de agua. Con un vaporizador o con una jeringuilla, se irrigan los espacios entre un panal y otro, y se rocía la parte superior del panal.

Normalmente, el uso del ácido oxálico no se realiza en una primera intervención: se efectúa en octubre, después de haber utilizado otros tratamientos en verano. Un tratamiento continuado basado sólo en el ácido oxálico podría dar buenos resultados, pero al mismo tiempo resultaría dañino para la nidada si esta se mojara excesivamente.

El **Perizin** es un producto cuyo uso y problemática son comunes al Apitol. La dosis recomendada es de 2 ml de producto diluido en 50 ml de jarabe. El tratamiento se debe repetir por lo menos dos veces, con una semana de descanso entre cada una.

El **Bayvarol** es un producto análogo al Apistan. Se utiliza con unas varillas de polietileno o de PVC, aplicando cuatro varillas por colmena.

El **Apivar** es un producto realizado a base de timol, mentol, eucalipto y alcanfor. Se presenta en tablillas que se colocan sobre los panales, dos por colmena. La pulverización de las tablillas libera el producto (el timol es el principal, hasta el punto de que algunos apicultores utilizan los cristales del timol), que actúa contra el varroa. El mayor problema es que, si la temperatura exterior es elevada, la pulverización se realiza más rápidamente y provoca que todas las abejas del colmenar tengan el mismo olor, lo que puede provocar el saqueo. Además, la caída de los ácaros, ya de por sí no muy elevada, en torno al 60 %, puede experimentar grandes variaciones si el uso de las tablillas no se hace de la manera correcta.

Para la lucha contra el varroa existen otros métodos y productos menos utilizados: entre ellos, se encuentra la **fenotiazina**, un fumigante que se utiliza como el Folbex, y el **Varostan** (quinometionato), un producto suministrable con aerosol o fumigación.

Un buen coadyuvante en la lucha contra el varroa es lo que se conoce como *lucha biomecánica*. Se trata de un conjunto de intervenciones que el apicultor puede llevar a cabo y que reducen el desarrollo de los ácaros. Hay quien sostiene que se puede combatir empleando únicamente este sistema, pero lo cierto es que se ha demostrado que sólo se trata de un método integrado que permite reducir al mínimo el uso de productos químicos.

Veamos, en resumen, cuáles son las técnicas biomecánicas:

— retirada de la nidada masculina, en la que el varroa depone con mayor fruición (se elimina siempre la nidada masculina operculada);
— panal trampa que obliga a la reina a deponer en un único panal, sobre el que se concentran casi todos los varroas maduros para la reproducción (el panal trampa —aunque se pueden utilizar dos— se forma con un excluidor de reinas vertical, o con jaulitas de red que envuelven el panal);
— interrupción de la nidada durante 21 días (enjaulando a la reina o bien sustituyéndola), de manera que puedan nacer todas las abejas y los varroas y, a continuación, podamos aplicar un tratamiento con productos específicos.

Debido a que el uso persistente y muchas veces erróneo de ciertos productos ha generado cepas de varroa resistentes a determinados principios activos, resulta adecuado establecer una rotación en la lucha y combinar los productos, que podrían ser, en caso de infestación grave, los siguientes:

— uno o dos tratamientos en el periodo de ausencia total (o casi) de nidada (finales de febrero-marzo) con ácido láctico u oxálico;
— tres tabletas de Apivar en verano, entre finales de agosto y comienzos de septiembre;
— un tratamiento con ácido oxálico entre finales de septiembre y comienzos de octubre.

En caso de infestación leve, podemos ahorrarnos los tratamientos primaverales.

Hay otros tratamientos nuevos, que se emplean desde hace poco tiempo y que parecen dar buenos resultados, no sólo porque son efectivos en la eliminación del varroa, sino porque pueden ser utilizados simultáneamente con los panales de media alza sin que la miel se contamine, y pueden utilizarse con o sin nidada, sin que se cause ningún daño a las abejas, todo ello sin olvidar que son de fácil aplicación.

Uno de estos productos, el Apidin, es un líquido a base de lactosa, equinácea y otros ingredientes naturales diluidos en agua y alcohol etílico, que se mezcla con agua desmineralizada, a partes iguales, y se rocía sobre las abejas después de retirar la tapa cubrepanales, una vez que los insectos han subido a los panales. Esta aplicación se ha de realizar dos veces, con un intervalo de unos diez minutos, y se ha de repetir al cabo de tres semanas. El Apidin puede utilizarse también como tratamiento en el verano en vez del Apivar.

Otro producto que da un buen resultado es una mezcla de polvos de cristales de timol, mentol y eucalipto, insertada en un diafragma mediante alimentador de bolsillo, que permite que haga su efecto sin dañar ni a las abejas ni a la miel.

Estos productos han sido utilizados por primera vez en la temporada 2001-2002, por lo cual están todavía en fase experimental, pero los resultados parecen interesantes.

CONSEJOS PRÁCTICOS PARA LA PREVENCIÓN Y CURA DE ENFERMEDADES

Para resumir y acabar podemos decir ante todo que hay que practicar una apicultura racional y moderna basada en planteamientos rigurosos:

- colmenas modernas y racionales;
- colonias fuertes;
- sustitución frecuente de las reinas;
- recambio continuo de los panales viejos o deformes;
- limpieza e higiene de las colmenas y los utensilios;
- control de las reservas y, en caso necesario, alimentación complementaria;
- eliminación de las colonias afectadas por enfermedades «sospechosas»,
- visitas regulares, breves, en momentos concretos del día;
- control de las enfermedades y uso correcto de los productos sanitarios.

Normalmente, hay algunos errores que los apicultores neófitos tienden a cometer por exceso de celo; son los siguientes:

- no hay que emprender curas preventivas a base de sulfamidas y antibióticos en el intento de conjurar la aparición de la enfermedad;
- al utilizar un producto médico-sanitario, hay que respetar siempre las instrucciones y no repetir el tratamiento por motivos de «seguridad», a no ser que indique lo contrario;
- no exagerar con la alimentación, puesto que provocaría la saturación de miel en los panales y su obstrucción, impidiendo a la reina poner sus huevos o haciéndolo en las alzas, con el consiguiente perjuicio para la miel.

Estos errores típicos pueden producir, como consecuencia, ciertos problemas que desembocan en enfermedades y que, por lo tanto, se deben evitar.

Un tema interesante es el de las cepas resistentes a las enfermedades: se está tratando de dilucidar, pero los resultados hasta hoy obtenidos son sólo parciales. Sin embargo, es cierto que algunas cepas son más resistentes a ciertas enfermedades; así que cada cual deberá tratar de seleccionar en su propio colmenar las cepas que resisten mejor las condiciones de vida de la zona y cuáles reaccionan mejor a las eventuales enfermedades.

Legislación sobre explotaciones apícolas

El Real Decreto 209/2002, de 22 de febrero, establece las normas de ordenación de las explotaciones apícolas; es decir, establece las normas básicas por las que se regula la aplicación de medidas sanitarias, las condiciones de ubicación, asentamiento y movimiento de colmenas, así como la infraestructura zootécnica, sanitaria y equipamientos, que permitan un eficaz y correcto desarrollo de la actividad apícola en todo el territorio nacional.

Con esa finalidad, el Real Decreto establece algunos conceptos que resumimos a continuación.

Explotación apícola es el conjunto de todas las colmenas, repartidas en uno o varios colmenares, de un mismo titular, con independencia de su finalidad o emplazamiento. Puede ser de varios tipos:

— profesional: la que tiene 150 colmenas o más;
— no profesional: la que tiene menos de 150 colmenas;
— de autoconsumo: la utilizada para la obtención de productos de las colmenas con destino exclusivo al consumo familiar; el número máximo de colmenas para estas explotaciones no podrá superar las 15 colmenas.

Según la actividad a la que se dedican, las explotaciones apícolas se clasifican en:

— de producción: son las dedicadas a la producción de miel y otros productos apícolas;
— de selección y cría: son aquellas dedicadas principalmente a la cría y selección de abejas;
— de polinización: son aquellas cuya actividad principal es la polinización de cultivos agrícolas;
— mixtas: son aquellas en las que se alternan con importancia similar más de una de las actividades de las clasificaciones anteriores;
— otras: las que no se ajustan a la clasificación de los apartados anteriores.

En el Real Decreto se considera fundamental la implantación de un sistema de identificación de las colmenas, por lo que establece que los titulares de las explotaciones apícolas deberán identificar cada colmena con una marca indeleble, en la que constará el código asignado a la explotación a que pertenece. Además, deberá advertirse, en sitio visible y próximo al colmenar, de la presencia de abejas (advertencia que no será obligatoria si la finca está cercada y las colmenas se sitúan a una distancia mínima de 25 m de la cerca).

El registro de las explotaciones apícolas corresponderá a la autoridad competente de la comunidad autónoma en la que radique el domicilio fiscal del titular. Todo titular de una explotación apícola deberá estar en posesión de un documento, cuaderno o libro de registro de la explotación, facilitado a los apicultores y diligenciado por la autoridad competente.

Asimismo, los titulares de las explotaciones apícolas deberán aplicar y mantener los programas y normas sanitarias contra las enfermedades que se establezcan, sujetas a control oficial. En caso de que se advirtiera una alteración patológica que pudiera poner en peligro la explotación, el titular de la misma lo comunicará urgentemente a la autoridad competente.

En el marco de la lucha coordinada contra las enfermedades de las abejas, en el Real Decreto se establece que el Ministerio de Agricultura elaborará y coordinará la aplicación del Plan Nacional de lucha integral contra la varroasis, cuya ejecución corresponderá a las autoridades competentes. Además, se llevarán a cabo inspecciones zootécnicas y sanitarias para comprobar el cumplimiento de las condiciones y requisitos exigidos en la normativa.

Bibliografía

Alins Casagrán, E., *Enfermedades y enemigos de las abejas*, Editorial Sintes, 1989.

Bailey, L., *Patología de las abejas*, Editorial Acribia, 1984.

Barolini Crespi, A., *Cría rentable de las abejas*, Editorial De Vecchi, 1999.

Biri, M. y C. Prats, *El gran libro de las abejas*, Editorial De Vecchi, 1993.

Consejería de Agricultura y Pesca de Andalucía, *Efecto sobre las abejas de algunos plaguicidas utilizados en la encina*, 1995.

Frisch, Karl von, *La vida de las abejas*, RBA coleccionables, 1994.

Julivert Zamarreño, M., *Las abejas*, Parramón Ediciones, 1991.

Luis Villota, P., *Las abejas y la miel*, Acento Editorial, 1999.

Llorente Martínez, J., *Principales enfermedades de las abejas*, Instituto Nacional de Reforma y Desarrollo Agrario, 1990.

Maeterlinck, M., *La vida de las abejas y de las hormigas*, Editorial Edaf, 1981.

Pérez Arquillue, C. y M. Jimeno Benito, *La varroasis de las abejas,* Instituto Nacional de Reforma y Desarrollo Agrario, 1986.

Rallo García, J., *Frutales y abejas,* Instituto Nacional de Reforma y Desarrollo Agrario, 1987.

Ritter, W., *Enfermedades de las abejas,* Editorial Acribia, 2001.

Sepúlveda Gil, J., *El mundo de las abejas,* Editorial Aedos, 1983.

Sintes Pros, J., *Plantas melíferas y la alimentación de las abejas,* Editorial Sintes, 1987.

Índice

Made in the USA
Las Vegas, NV
04 November 2026

57428960R00098